KB100204

조용한
엄마를 위한

말자극

조용한 엄마를 위한
말자극

초판 1쇄 인쇄 2024년 3월 18일
초판 1쇄 발행 2024년 4월 10일

지은이 이미래
펴낸이 박지혜

기획.편집 박지혜 | **마케팅** 윤해승, 장동철, 윤두열, 양준철
디자인 디스커버
제작 영신사

펴낸곳 ㈜멀리깊이
출판등록 2020년 6월 1일 제406-2020-000057호
주소 03997 서울특별시 마포구 월드컵로20길 41-7, 1층
전자우편 murly@humancube.kr
편집 070-4234-3241 | **마케팅** 02-2039-9463 | **팩스** 02-2039-9460
인스타그램@murly_books
페이스북@murlybooks

ISBN 979-11-91439-46-5 13590

· 이 책의 판권은 지은이와 (주)멀리깊이에 있습니다.
· 이 책 내용의 전부 또는 일부를 재사용하려면 반드시 양측의 서면 동의를 받아야 합니다.
· 잘못된 책은 구입하신 서점에서 교환해드립니다.

조용한
엄마를 위한
말자극

이미래 지음

멀리깊이

＊ 일러두기

책에 소개된 모든 사례는 언어 치료 현장에서 경험한 내용을 바탕으로 하되, 구체적인 상황과 인물을 떠올릴 수 없도록 가공했으며 교육적으로 도움을 드리기 위해 변형했습니다.

프롤로그 조용한 엄마에게도 잠재력이 있습니다!

"저는 평소에 말수가 없는 편이에요. 그래서인지 제 아이에게도 어떻게 말해야 할지 막막함을 느껴요. 아이가 저와 함께하는 시간을 지루해하는 것 같아요."

"밖에서는 말이 많은 편인데, 집에서는 아이에게 말을 걸어주기가 어려워요. 어색하다고 해야 할까요? 때로는 아이와 단둘이 있을 때 우울한 감정도 들어요."

"엄마가 말을 많이 해줘야 아이 말이 빨리 트인다는 글을 봤어요. 비슷한 글이나 영상을 접할 때마다 아이에게 미안해져요."

모두 언어치료 현장에서 자주 듣게 되는 고민입니다. 양육자에게 아이의 언어발달은 마치 육아 성적표와 같이 느껴집니다. 다른 발달 영역도 중요하지만, 유독, '아이의 언어 성장'은 '엄마의 언어 자극'과 정비례하는 것으로 여겨집니다. 아이가 말이 느린 데는 분명 엄마 탓이 크리라는 선부른 판단이 이어지지요.

팬데믹 이후로 우리는 많은 변화를 겪었습니다. 마스크를 쓰고 수업하는 선생님의 모습이나 서로 손끝만 닿아도 소스라치게 놀라는 아이들, 그리고 '코로나 키즈'라는 말 또한 더 이상 낯설지 않게 느껴집니다. 2020년 1월 이후에 태어난 아이들이 마주했던 어른의 얼굴은 다름 아닌 마스크를 착용한 어른이라고 이야기할 정도니까요.

14년 차 언어치료사인 저는 내 아이의 언어발달로 고민하는 양육자를 지속적으로 마주하고 있습니다. 기억을 떠올려 보면, 팬데믹 이전에도 가정에서 자녀의 언어발달을 면밀하게 관찰하고 자극하는 것은 쉽지만은 않은 과정이었지요. 언어발달은 그만큼 중요한 과업이기에 부모로서 적지 않은 부담감을 느낄 수밖에 없습니다.

이러한 와중에 "아이가 이제 좀 말을 할 때가 되지 않았니? 이웃집 아이는 벌써 문장으로 말하더라"라는 주변 어르신의 말을 들으면 어떨까요? 마치 육아 능력 시험에서 낙제한 듯한 절망감을 느끼게 됩니다.

엄마는 아이와 함께하는 일상에서 아이 언어발달을 촉진하기 위해 최선을 다합니다. 장난감, 그림책, 그 외 도움이 되는 교구를 고민하면서 어떻게 하면 즐겁고 행복하게 아이 언어를 발달시킬지 신경을 곤두세우지요. 그런 가운데 주변으로부터 내 아이의 언어발달에 대한 피드백을 들으면 죄책감에 빠지게 됩니다. 이러한 죄책감은 아이를 양육하는 부모 누구라도 피할 수 없는 감정입니다.

언어발달 전문가의 입장에서, 12~36개월은 정말로 중요한 시기입니다. 24개월 무렵의 아이는 알고 있는 단어와 단어를 연결하여 더 많은 말을 하는 모습을 보이기 시작합니다. 그동안 아이가 축적해 왔던 '말의 자원'을 조금씩 방출하기 시작하는 시기이지요. 이해 가능한 단어의 수도 매일매일 늘어나서 엄마는 아이와의 소통이 이전보다 더 활발해지는 것을 느낍니다. 평소에 가르쳐 주지 않았던 단어의 의미를 이해하고 말을 따라 하는 아이의 모습에 놀라기도 하지요.

엄마는 '골든 타임'이라고 하는 24개월 전후 시기에 더 많은 것을 해주고 싶어집니다. 물론 언어발달 과정에 있어서 중요하지 않은 순간은 없지만, 12~36개월은 엄마에게도 잠재력을 끌어올릴 수 있는 시기입니다. 여기에서 말하는 잠재력은 앞서 살펴보았던 조용한 엄마에게도 존재합니다.

저는 2018년생 아이를 양육하고 있습니다. 밖에서는 언어치료사, 언어발달 전문가, 부모 교육 강사라는 직함을 가지고 있지만, 저에게도 내 아이에게 언어 자극을 주는 과정은 쉽지만은 않았습니다. 이론상으로 알고 있는 24개월이라는 기준 앞에서 내 아이는 한없이 부족하게만 느껴졌습니다. 아이가 24개월 무렵에 말할 수 있는 단어의 수는 10개 내외였고, 주변에서 말이 좀 늦는 것 아니냐는 이야기를 듣기도 했습니다. 매일 미안한 마음을 안고 잠든 아이를 바라보던 저의 모습이 지금도 선명하게 떠오릅니다. 애써 죄책감을 느끼지 않으려고 노력했지만 그 또한 쉽지 않았습니다. '엄마인 내가 내 아이에게 말을 많이 들려주지 않아서'라고 스스로를 탓하는 마음이 수시로 저를 괴롭혔지요.

요즘 육아를 하는 양육자의 일상은 어떨까요? SNS로 육아 정보를 접하는 일이 많아지면서 유익한 정보를 손쉽게 얻는 동시에, 넘치는 정보로 혼란을 느끼기도 합니다. 쇼츠나 릴스 속 말 잘하는 아이들의 모습을 보면서 나도 모르게 '비교'라는 스위치를 켜게 되고요.

과도한 정보 때문만이 아니더라도, 내 아이에게 적절한 양의 언어 자극을 주는 것, 그 이전에 '말을 걸어주는 것'에서부터 어려움을 느끼는 분들이 많습니다. '제가 말수가 없어서…', '독박육아를 하느라…', '타지에서 혼자 아이를 키우고 있어서…' 등 이유는 다양하지요. 10년이 넘는 시간 동안 언어치료사로서 아이들을 만나고 있는 저 또한 경험했던 고민이기에 공감하는 마음이 앞섭니다. 바로 이 공감이 이 책을 쓸 용기를 낼 수 있게 했습니다. 저 또한 내 아이에게 처음 말을 걸고, 노래를 불러주고, 그림책을 읽어주어야 했을 때 '어색함'을 느꼈습니다. 마치 아무도 없는 무대에 혼자 서 있는 것만 같은 느낌이었지요. 그래서 이 책을 읽는 부모님들께 아래와 같은 유익을 전달하고자 마음먹었습니다.

첫째, 평소에는 말수가 적은 엄마도 내 아이에게 쉽게 말을 건넬 수 있도록 돕기 위해 애썼습니다. 무조건 말을 많이 해줘야 한다는 부담감을 함께 덜어내고 싶었어요.

둘째, 엄마와 아빠가 언어치료실이 아닌, 가정에서 쉽게 실천할 수 있는 '말자극' 방법에 대해 보다 상세하고 친절하게 안내하려고 노력했습니다.

셋째, 일상에서 엄마의 말을 쉽게 들려줄 수 있도록 '공간별/시간별 말자극 대본'을 만들었습니다. 일상에서 매일매일 실천할 수 있도록 실제적인 가이드라인을 제공합니다.

가정에서 언어발달을 촉진할 수 있는 방법을 안내한 책은 이미 시중에 많습니다. 이 책은 아이에게 '말하기', '말 걸기', '대화' 방법을 **일상에서 실천할 수 있도록 안내**한다는 차별성을 가지고 있습니다. **아이와 함께하는 거실에서부터 욕실, 식탁, 침실, 그리고 다양한 상황에서 아이에게 어떤 말을 들려주어야 할지 하나하나 친절하게 안내**합니다.

다만, 책의 예시로 기록한 말자극 대본을 토시 하나도 틀리지 않고 아이에게 말해줘야 한다는 것은 아닙니다. 이 책은 대화의 물꼬를 틔워줄 수 있는 하나의 가이드이기 때문이지요. 아이의 언어발달에 대한 부담감을 덜어내고, 매일매일 실천하다 보면, 어느새 아이와 함께 말을 주고받는 횟수가 많아지는 것을 경험하실 수 있을 거예요.

자, 이제 내 아이에게 말자극을 주는, 귀하고 가치 있는 여정을 저와 함께 떠나볼까요?

차례

4장. 차근차근 말자극 수업을 시작합니다

5장. 따라 하기만 하면 되는 장소별 말자극 가이드

부록 말자극 수업을 위한 준비물

1

제가 너무 조용해서
아이 말이 느린 걸까요?

8 조용한 엄마도 해낼 수 있습니다

그 어떤 교구보다 훌륭한 도구, 엄마의 말자극

아이를 임신했다는 것을 확인했을 때, 아이와 말을 주고받는 행복한 모습이 가장 먼저 떠올랐어요. 언어발달 전문가라는 직업의 영향도 있었지만, 아마도 제가 생각하는 아이를 잘 키우는 행위가 바로 대화가 아니었나 생각합니다. 저의 전공이니만큼, 나의 아이에게 더욱 잘 적용할 수 있으리라 생각했어요.

그런데 아이를 출산하고 나니, 실제 육아 전선에서 내 아이와 말을 주고받는 일은 생각보다 쉽지 않았습니다. 무엇보다 제가 집에서는 말수가 적은 조용한 엄마라는 사실을 받아들이는 데 시간이 필요했어요. 아이에게 처음 말을 걸며 노래를 불러주던 날, 마치 텅 빈 무대에 홀로 있는 듯 적막하고 어색했던 기억이 지금도 생생합니다.

언젠가 한 예능인의 인터뷰를 본 적이 있어요. 방송에서는 유쾌하고 재미있는 사람이지만 집에서는 말이 없다고 고백한 내용이었습니다. 때마침 언어치료 현장에 복귀하며 적응하던 시기였기에 더욱 인상적으로 다가왔어요. 치료실 안에서의 모습과 집에서의 모습이 똑같지 않아서 아이에게 미안한 마음을 들킨 것 같았지요.

이런 죄책감을 조금이라도 털어내고자, 틈이 날 때마다 육아서를 읽거나 장난감을 구매하곤 했습니다. 책을 읽거나 교구를 구매한 직후에는 잠시 편안한 마음이 들었지만, 그 평온함을 일주일 이상 유지하지 못했어요. 매일매일 다람쥐 쳇바퀴 돌아가는 일상을 지내는 것같이 느껴졌지요.

가장 도움이 되었던 작업은 자책하는 마음을 내려놓고 내 아이와 환경에 초점을 맞추는 과정이었어요. '내가 말수가 적어서 아이의 말이 빨리 트이지 않는 걸까?' 하는 고민 대신, '아이는 내가 어떤 노래를 불러줄 때 더 즐거운 반응을 보이지?', '엄마인 나는 아이에게 어떤 말을 들려줄 때 가장 즐거울까?' 이러한 생각에 집중했습니다. 그러자 아이와 저의 일상에 조금씩 변화가 찾아오기 시작했습니다. **조용한 만큼 아이의 몸짓과 목소리에 더 귀를 기울일 수 있었고, 아이에게 들려줄 말을 스스로 정리하는 시간도 가질 수 있었어요. 아이가 원하는 것은 많은 장난감이 아닌, 엄마의 관심과 다정한 말이라는 것을 깨닫는 시간이었습니다.**

언어치료 현장에서도 말수가 적은 성향 때문에 고민하는 부모님을 마주하곤 합니다. 조용한 엄마, 아빠이기 때문에 아이가 말이 늦은 것은 아닐지 염려하는 경우도 있고요. 그럴 때마다 아이에게 들려줄 말을 보다 섬세하게 안내하고 싶은 마음과 함께, 모든 엄마에게는 내 아이의 언어발달을 도울 수 있는 잠재력이 있다는 메시지를 전하고 싶었습니다.

언어발달 지식과 최신 육아 정보를 알고 있는 것과 일상에서 그 지식을 녹여내는 일은 전혀 다른 문제입니다. 단어 조합이 이루어져야 하는 24개월 무렵에, 몇 개 안 되는 단어로 의사소통을 하는 내 아이의 모습을 보며, 저 또한 언어발달 전공 서적을 앞에 두고 자책했던 경험이 있으니까요. 아이에게 좋은 언어 자극을 주기 위해서는 먼저 말을 들려주기 위한 토대를 마련해야 합니다. 그 기반을 마련하는 동안에 아이가 받는 언어 자극이 단절되는 것은 아니에요. 오히려 아이가 기대하는 마음으로 더 귀를 기울여 엄마의 목소리를 들을 수 있는 환경이 마련된답니다.

이 책에서는 아이에게 말을 들려주는 행위와 시간, 공간 모두를 '말자극'이라 칭하려고 합니다. 장난감, 카드, 그 외의 다른 매체를 통해서도 자극을 줄 수 있지만, **그 무엇보다 영양가 있는 자극은 '엄마의 말자극'이라는 것이 언어발달 전문가인 저의 의견입니다.**

말자극에는 아이에 대한 엄마의 사랑과 관심이 담겨 있어요. 엄마의 말에는 아이에게 말을 배우는 즐거움을 알려줄 수 있는 힘이 있지요. 엄마의 말자극은 그 즐거움에 영양가를 더합니다.

아이는 엄마의 목소리를 듣는 순간 행복함을 느끼고, 엄마의 목소리를 듣는 시간을 기대할 거예요.

잊지 말아야 할 것은, 말자극의 주인공은 바로 '아이'라는 거예요. 나의 아이에게 초점을 두면, 아이가 관심을 보이는 대상이나 주제로 보다 쉽게 말자극을 시작할 수 있습니다. 이 책은 엄마에게도 효율적인 언어 자극 방법을 안내합니다. 아이에게 언어 자극을 주는 데 들이는 시간, 비용, 엄마의 능력에 대한 부담감은 덜어낼 수 있고요. 처음에는 서툴겠지만, 엄마와 아이가 함께 손을 잡고 즐겁게 누릴 수 있는 시간입니다.

이 책에서 소개하는 말자극은

첫째, 부모가 아이에게 전해주는 **'개별 맞춤형'** 언어 자극입니다.

둘째, 말자극의 주인공은 **아이**라는 점을 인정합니다.

셋째, 아이에게 들려주는 **부모의 목소리**에 사랑과 애정이 담겨 있다고 믿습니다.

넷째, 아이에게 많은 말을 들려주어야 한다는 **양육자의 부담감**을 덜어줍니다.

다섯째, 조용한 엄마도 아이에게 말을 들려주고 **좋은 양분**을 줄 수 있다는 잠재력을 발견하게 합니다.

자책하지 말 것, 문제의 원인에 집중할 것!

어떻게 아이에게 좋은 말자극을 줄까 하는 고민은 어쩌면 '요즘 시대'에 아이를 양육하고 있는 많은 부모의 고민일 수 있어요. 다음의 사례를 함께 살펴볼게요.

사례 1 복직을 앞둔 예준이 엄마

곧 복직을 앞둔 24개월 남자아이의 엄마입니다. 회사의 배려로 출산 후, 24개월까지 집에서 아이와 함께할 수 있었어요. 이제 곧, 아이와 오랜 시간 떨어질 생각을 하면 미안한 마음이 앞섭니다.

아이는 점점 더 많은 단어를 이해하고 있는 것 같아요. 그런데 말로 표현할 수 있는 단어가 몇 개 되지 않아요. 열 개 남짓인 것 같습니다. '엄마, 아빠, 무(물), 맘마, 빠방' 정도를 말로 표현해요. 아이와 집에서 오랜 시간을 보내면 말을 많이 해줄 거라고 생각했는데, 아이에게 말을 들려주기가 쉽지 않았어요.

산후우울증도 있었고, 생각해 보면 저는 평소에도 말수가 적은 편이었던 것 같아요. 혼자 있는 것을 좋아하고요. 아이와 놀아주고 싶은 마음에 새로운 장난감을 구매하고, 그림책 전집 세트도 거실에 두었지만 여전히 아이는 혼자 노는 시간이 더 많습니다. 조용한 저도 아이에게 말을 걸어줄 수 있을까요?

사례 2 워킹맘 지민이 엄마

곧 36개월이 되는 여자아이의 엄마입니다. 아이가 돌이 지나자마자 복직을 했고, 제가 출근하면서 아이를 어린이집에 데려다주면, 친정 엄마가 오후에 하원을 도와주고 계세요. 퇴근하고 집에 오면 저녁 일곱 시, 저녁을 먹고 아이와 조금 놀아주다 보면 어느새 아홉 시가 됩니다. 아이와 노는 데 집중하기 어렵고, 밀린 집안일을 할 생각에 마음이 조급해져요. 아이 아빠는 야근이 많고 주말에는 아이와 실내 놀이터나 체험 수업에 가는 편이에요.

얼마 전, 아이 어린이집 상담을 다녀왔는데 친구들에 비해 말이 느린 것 같다는 선생님의 이야기에 며칠 잠을 깊게 자지 못했어요. 아이에게도 미안한 마음에 좋아하는 장난감과 전집 세트를 주문했지만 정작 제대로 놀아준 장난감은 몇 개 되지 않는 것 같아요. 퇴사해야 할까요? 일을 하면서 아이에게 언어 자극을 주기가 쉽지 않습니다.

사례 3 타지에서 아이를 양육하고 있는 이안이 엄마

저는 결혼과 동시에 다니던 직장을 정리하고 남편을 따라 타지에서 신혼을 시작했어요. 현재 18개월 남자아이를 양육하고 있습니다. 남편이 퇴근한 후에 아이와 열심히 놀아주기는 하지만 낮 동안엔 제가 양육과 살림을 전담하고 있어요. 어린이집에서 하원하면 오후 세 시, 잠시 놀이터에서 놀다가 집에 오면 아이에게 영상을 틀어주거나 장난감을 가지고 놀아줍니다. 여전히 아이와 어떻게 놀아야 할지 막막하고 힘이 듭니다.

주변에 아는 이웃이나 친구도 없고 저와 아이 아빠도 말이 많은 편이 아닌데… 아이에게 말을 많이 들려줘야 말이 빨리 트인다는 말을 들을 때마다 부담감이 커질 뿐이에요. 요즘 아이가 어린이집에 가고 난 후, 집안일을 조금 하고 나면 울적한 마음이 자주 들어요. 아이와 어떻게 놀아주어야 할까요?

위의 세 가지 사례는 언어발달 상담을 할 때 자주 접하는 이야기입니다. 각각 양육 환경에는 차이가 있지만, 내 아이에게 언어 자극을 주고 싶은 엄마의 마음은 다르지 않습니다. 간절한 마음만큼 아이와 몰입해서 놀이와 대화를 이어가고 싶은 마음도 느껴지고요.

아이에게 말자극을 주기에 앞서, 어머님들께 가장 먼저 드리고 싶은 솔루션은 '자책하는 마음 버리기'입니다. '엄마인 내가 아이에게 충분히 언어 자극을 주지 않아서', '일을 하고 있어서', '마음에 우울감을 가지고 있어서' 등의 자책하는 마음은 아이와 온전한 상호작용을 이루는 데 도움이 되지 않습니다. 배우자에게 책임을 묻는 것 또한 우울한 마음을 키울 뿐이지요.

부모님께 드리고 싶은 두 번째 솔루션은 '문제의 원인'을 찾고자 하는 마음이 아닌, 나의 환경과 아이에게 초점을 맞추는 것입니다. 구체적으로 어떻게 해야 할지 막막한 마음이 드실 수 있을 거예요. 이제부터 아이와의 대화 열매를 자라게 하기 위한 다지기를 시작해 볼게요.

엄마 탓이 아니에요 1:
환경이 바뀌었습니다

팬데믹이 아이들의 언어발달을 방해합니다

"발달지연 코로나 베이비 조기발견 시급… 의료기관 조사서 최고 70%"(〈중도일보〉 23년 7월 23일 기사)

"유치원 11곳 의심 어린이 40명 선별검사 해보니 70% 지연 우려되고 30% 전문의 개입 필요 의견"(〈중도일보〉 23년 8월 9일 기사)

"'감기보다 독하고 오래간다' 아이들 위협하는 마이코플라즈마 폐렴"(〈아시아경제〉 2023년 12월 13일 기사)

'코로나 키즈'라는 말은 더 이상 낯선 단어가 아니에요. 아이가 말이 조금 늦다 싶으면 떠오르는 단어이기도 합니다. 최근에는 마스크 의무 착용이 해제되었지만, 그만큼 잦아진 감기로 인하여 소아과는 사계절 내내 문전성시를 이룹니다. 각종 뉴스에서는 신종 바이러스에 대한 보도가 이어지고 있지요.

관련 전문가들은 앞으로도 새로운 바이러스는 계속 생겨날 것이라 예측합니다. 변이 바이러스가 호흡기 약한 아이들을 위협할수록 양육자들의 두려움도 커질 수밖에 없습니다. 마스크 착용으로 인한 언어 지연과 함께 감기로 인한 잦은 결석은 학습 발달에 영향을 줍니다.

연구자마다 견해가 다르지만 최근 들어 언어발달이 지연된 아이들이 전문 기관을 찾는 빈도가 잦아지고 있습니다. 지역사회 안에서도 아이들의 언어발달이 늦어지기 전에 조기에 개입하기 위한 여러 가지 사업을 진행하고 있고요. 그렇다면 팬데믹은 어떻게 언어발달을 방해하는 걸까요? 단순히 마스크 착용 때문에 언어발달이 늦어지는 걸까요?

아이가 말을 배울 때에는 기본적으로 인풋과 아웃풋의 과정을 반복합니다. 들었던 말을 자유롭게 표현하면서, 돌아오는 어른들의 피드백을 통해 부정확한 발음들을 스스로 수정해 보는 시간을 갖습니다. 이때 입 모양은 중요한 단서가 됩니다. 특히, 입술소리인 /ㅁ, ㅂ, ㅍ/ 계열의 자음은 입 앞쪽에서 나는 소리이기 때문에 눈으로 확인할 수 있는 발음들이지요. 마스크는 입 모양을 보면서 자신의 발음을 수정하는 기회를 제한합니다. 마스크 착용으로 인하여 상대방의 입 모양뿐 아니라, 표정을 읽는 데도 어려움을 겪게 되었어요. 이를 연구한 결과에 의하면, 아이들이 상대방의 표정과 감정을 파악하는 능력이 코로나 이전보다 더 감소했다고 합니다. 상대방의 말에 공감하고, 함께 웃고, 위로하는 경험을 하는 데에도 제한이 생겼지요.

언어발달은 단순히 많은 단어를 이해하고 긴 문장을 산출하는 능력으로 한정 지을 수 없어요. 나 혼자만 많은 단어를 알고 긴 시간 말을 하는 사람에게 언어 능력이 좋다고 이야기하지 않습니다. 알고 있는 단어를 상황에 맞게 적절하게 말하고, 상대방에게 나의 경험과 생각을 조리 있게 전달하는 능력이야말로 중요한 언어 능력이지요.

우리는 알게 모르게 비대면에 익숙해졌고 아이들 또한 친구와의 접촉을 조심하게 되었다고 합니다. 마스크가 의무 착용이 아님에도 일부 청소년들의 경우 마스크를 벗기가 부끄러워서 착용을 지속한다는 인터뷰도 보도된 적이 있지요.

마스크 착용과 접촉을 조심하게 되는 사회적 분위기는 육아에도 영향을 줄 수밖에 없습니다. 주변 이웃 어른들과 인사를 주고받고 자연스럽게 접촉하며 사회적 의사소통 능력을 배우는 데에도 어려움을 겪게 됐고요. 이로 인하여 양육에 대한 개개의 부담이 커지면서 잦은 우울감과 스트레스를 경험하게 되었어요.

아이들의 언어발달이 늦어진 것이 코로나 바이러스 때문이라고 할 수만은 없다고 주장하는 전문가도 있어요. 그럼에도 더욱 잦아진 감기와 잔병치레, 이로 인한 불규칙한 등원과 가정에서의 긴 돌봄 시간이 언어 자극을 제공하는 데 걸림돌이라는 사실을 부정할 수는 없습니다.

이제는 언어발달이 늦어진 것에 대한 원인에 집중하기보다 양육자가 가지고 있는 부담감을 덜어내면서 아이의 언어발달을 보다 즐겁게 촉진하는 데 집중해야 합니다. 무엇보다 양육자가 홀로 어두컴컴한 터널을 지나는 듯한 외로움을 느끼지 않도록 해야 합니다. 가족의 격려와 지지는 물론, 교육 기관과 사회가 함께 머리를 맞대는 시간이 필요하지요. '한 아이를 키우려면 온 마을이 필요하다'라는 말은 어쩌면 개인화와 팬데믹이 횡행하는 오늘에야말로 강조해야 하는 지침이지 않을까요?

주변에 휘둘리는 양육 태도는 말자극을 방해합니다

사회가 빠르게 변화함에 따라 가장 극적으로 바뀌고 있는 모습 중 하나가 가족의 구성 형태입니다. 가족의 구성 형태는 우리 아이의 언어발달에 어떤 영향을 줄까요? 여기에서는 가족 구성과 형태에 대한 일체의 평가를 내리지 않습니다. 다만 각 가정의 다양성을 존중하면서 함께 적극적으로 말자극을 줄 수 있는 방법을 모색합니다.

사례 다양한 가족 구조에 따른 양육의 모습

· 양가 부모님과 떨어진 지역에서, 다섯 살이 된 외동아이를 돌봄 선생님과 함께 양육하고 있는 맞벌이 가정 지민이네

· 평일에는 엄마가 네 살 아이를 양육하고, 주말에 아빠를 만나는 주말부부 가정 지호네

· 근처에 거주하는 친정 어머니가 아이의 등하원을 도와주시고 아침 일곱 시에 출근해서 저녁 여섯 시에 퇴근하는 맞벌이 가정 주안이네

· 아이가 돌 무렵 이혼 후, 친정 부모님과 함께 아이를 양육하고 있는 워킹맘 지원이네

'아이 말이 늦은 것 같아서' 언어치료실에 방문한 부모님을 처음 마주할 때, 자주 듣는 이야기가 있어요. '외동아이라 대화를 나눌 형제가 없어서', '맞벌이 부부이기 때문에 아이와 놀아줄 시간이 많지 않아서', '주로 조부모님과 함께 생활해서' 또는 '아이 앞에서 부부싸움이 잦았기 때문에'와 같은 다양한 이유로 아이의 말이 늦은 것은 아닐까 하는 염려입니다.

돌이켜 생각해 보면, 당시에는 아이를 위한 최선의 선택과 육아를 했음에도 불구하고 부모이기 때문에 늘 미안한 마음이 남습니다. 나에게 주어진 여러 가지 상황을 회피하고 싶은 마음이 남기도 하지요. 아이의 언어발달이 환경으로 인한 크고 작은 영향을 받을 수 있지만, 보다 중요한 것은 '바로 지금' 우리 아이와

함께하고자 하는 마음과 시도입니다.

아이를 양육하는 데 있어서 반드시 고려하셔야 하는 지점은, 주변 어른의 피드백과 개입으로부터 일정 정도 거리를 두셔야 한다는 점입니다. 과거 다섯 남매, 여섯 남매가 흔하던 시절에 자녀를 키웠던 어른들과 동일하게 자녀를 키울 수 있는 환경이 아니지요. 합계 출산율이 0.7명밖에 되지 않을 정도로 육아에 대한 두려움이 큰 시대인 데다가, 둘째 출산을 망설이거나 포기하는 부부가 적지 않은 것도 현실이고요. 시댁이나 친정 부모님께서 나의 아이를 돌봐주시는 것은 당연히 감사할 일입니다. 그러나 "아이가 말이 느린 거 아니니?", "얘 아빠(또는 엄마)는 말도 빨랐던 것 같은데…", "때가 되면 어련히 알아서 하겠지. 너도 말이 느렸는데, 지금은 말하는 직업을 갖고 있잖니." 이러한 이야기를 듣게 된다면 들려오는 소음의 볼륨을 0으로 낮춰보세요. 대신, 내 아이에게 반응하고자 하는 의지를 100으로 높여보세요.

외동아이를 양육하고 있다면, 아이가 외로울까 봐 애써 친구 모임을 만들지 않아도 괜찮습니다. 특히, 36개월 미만의 아이라면, 가정 안에서 풍부하게 상호작용하고 아이를 지지하고 사랑하는 마음을 표현해 주는 것만으로 충분합니다. 아이가 자기 생각을 말로 전달할 수 있다면, 아이에게 모임에 참여하는 것에 대한 의사를 먼저 물어보고 난 후에 의견을 존중해 주세요. 굳이 팬데믹을 이유로 들지 않더라도, 개인 공간에 대한 인식과 중요성이 높아진 때에 과도하게 어울리는 모임을 만들려고 애쓰는 것도 부모의 짐을 무겁게 만드는 일일 수 있습니다.

앞으로도 우리 사회는 크고 작은 변화를 맞이하게 될 거예요. 개인화가 되어갈수록, SNS나 온라인 커뮤니티와 같은 외부 자극은 더욱 다양해지겠지요. 사회적 이슈와 변화에 민감하게 반응하면서 다양한 정보를 얻을 수도 있겠지만, 더욱 중요한 것은 나와 우리 아이, 그리고 우리 가족의 행복한 성장이 아닐까요?

과도한 미디어 노출이 말자극을 방해합니다

이전에는 '언어발달' 단어를 들으면, 아이와 함께 마주하며 놀아주거나 그림카드를 보여주는 모습 또는 책을 읽어주는 모습이 자연스럽게 떠올랐어요. 시대의 변화에 따라 이제는 '미디어' 또는 '스마트기기'가 자연스럽게 학습의 도구로 거론되고 있습니다. 미디어를 무조건적으로 차단해야 한다는 말로 인하여 분란이 일어나기도 하지요.

교육업계는 2025년 3월부터(예정) 도입될 디지털 교과서 논쟁으로 뜨겁습니다. 유아교육 박람회뿐 아니라 지역 행사만 가더라도 패드 학습을 소개하는 관계자를 어렵지 않게 만날 수 있지요. 미디어를 지혜롭게 사용해야 한다는 것은 누구나 알고 있지만, 실천 방법에 있어서 애를 먹곤 합니다. 때로는 아이에게 영상을 과도하게 노출시킨 것 같다는 생각에 자책하게 되기도 하고요.

언어치료 현장에서도 미디어는 '뜨거운 감자'로 여겨질 때가 많습니다. 시대가 변화하면서 아이들은 미디어를 어렵지 않게 다루고 있지만, 자녀의 과도한 미디어 사용에 대한 고민은 해마다 증가합니다. 영유아 시기의 과도한 영상 노출과 학령기 시기의 스마트폰 중독을 우려하는 목소리가 더욱 커지고 있는 실정입니다.

미디어는 아이의 언어발달에 어떠한 영향을 줄까요? 미디어를 오랜 시간 본 아이는 언어발달이 늦을까요? 미디어를 보다 효율적으로 사용할 수 있는 방법은 없을까요? 이 책에서는 아이는 물론 어른의 미디어도 함께 다루고자 합니다. 미디어를 오랜 시간 보았다는 반성의 시간이 아닌, 보다 잘 활용할 수 있는 방법을 모색하는 시간이 되기를 바라는 마음으로 이야기를 시작해 볼게요.

① 아이의 미디어

식당에서 조용히 식사하기 위해 아이에게 스마트폰을 쥐여주는 일은 이제 익숙한 풍경이 되었어요. 많은 엄마가 식사 중에 미디어를 보여주지 않는 것이 더 좋다는 것을 알고 있지만, 남에게 피해를 주지 않기 위해 스마트폰을 꺼낼 수밖에 없다고 토로하곤 합니다.

많은 부모님이 처음에는 교육을 목적으로 미디어를 노출합니다. 아이에게 외국어나 새로운 언어를 노출시키기 위해, 한글이나 수학을 보다 즐겁게 가르치기 위해 미디어를 보여주기 시작합니다. 종이 위에 쓰인 글자를 읽는 것에 지루함을 느끼던 아이가 버튼을 누르면 화려한 시청각 자료가 나오는 순간 쉽게 몰입하며 즐거워하는 모습을 보입니다. 엄마는 적어도 미디어를 보는 순간만이라도 학습에 노출이 되었기를 바라는 마음으로 다음날도 아이 앞에 패드나 스마트폰을 넌지시 놓아주게 되지요.

저는 아이가 24개월이 될 때까지 미디어에 노출하지 않고 오히려 차단하려고 노력했습니다. 임신했을 때 읽었던 육아서마다 강하게 미디어 차단을 권장했고, 왠지 모르게 실천해 보고 싶은 마음이 들었습니다. 가족 간에도 의견 충돌이 없어서 무난하게 미디어를 차단할 수 있었어요.

그러다가 코로나가 시작되었고, 조금씩 영상 매체를 보여주기 시작했습니다. 그동안 미디어에 노출되지 않았기 때문에 신기한 마음에 오랜 시간 몰입할 거라고 예상했는데, 아이는 의외로 큰 반응을 두지 않았습니다. 오히려 정해진 영상만 보고 스스로 끄는 모습을 보였습니다. 그동안 절제하기 잘했다는 생각보다 더 먼저 느낀 감정은 보여주니 참 편하다는 것이었어요. 아이가 영상을 보는 짧은 시간만큼은 엄마에게도 휴식이라는 보상이 온 것같이 느껴졌습니다.

전문가마다 미디어 학습에 대한 의견에는 차이가 있습니다. 취학 전에는 미디어를 통한 학습이 효과가 없다는 주장을 하는 연구자가 있는 반면, 24개월 이후 미디어를 통한 학습이 유용한 것은 물론 교육 격차를 해소하는 효과가 있다고 주장하는 연구자도 있어요. 미국소아과학회에서는 24개월 미만의 아이에게 미디어를 보여주는 것을 권장하지 않아요. 실리콘밸리 직원들 또한 자녀들에게 초등학교 고학년 이후에나 스마트기기를 준다는 기사도 있지요. 이러한 자료를 보면 그동안 자녀에게 미디어를 일찍 노출시킨 것을 후회하거나 '오늘도 너무 많이 보여줬네'라고 자책하게 됩니다.

이러한 자책은 짧게나마 반성의 시간은 될 수 있지만, 아이와 함께할 때 필요한 에너지만 소모시킬 가능성이 커요. 때로는 늦게 퇴근하는 배우자에게 비난의 화살을 쏟아붓기도 하지요. 외부에서는 미디어를 노출할 수밖에 없는 환경이 만들어지는데, 이를 통제하느라 오히려 부모의 스트레스만 가중되지요.

먼저, 미디어를 보여주는 목적을 점검해 보세요. 학습 때문에, 부모가 짧게나마 좀 쉬기 위해서, 아이가 보고 싶어 하니까 보여주실 거예요. 아이와 어떻게 놀아줄지 막막한 마음에 영상을 보여주기도 하고요. 가정마다 다른 이유가 있겠지요. 어떤 목적으로든 미디어를 보여준다면, 시청 시간을 정해보세요. 처음에는 아이가 스스로 정하기보다 엄마가 영상을 통제하는 경우가 많을 거예요.

저의 개인적 경험뿐 아니라, 언어치료 현장을 떠올려 봐도 미디어 노출 연령은 어릴수록 좋지 않습니다. 연구자들의 의견이 상이함에도 공통점이 있다면, 앞서 짧게 언급한 것과 같이 24개월 미만까지는 미디어 노출을 최대한 삼가야 한다는 거예요. 언어발달의 첫 단추는 '듣기'에서 시작되고, 듣기의 기본 재료는 사람과 사람 간의 말소리이기 때문이지요.

아마 '미디어 노출을 더 일찍 시작했는데, 그럼 이미 늦은 것 아닌가요?' 낙담하는 부모님이 계실지 모릅니다. 이미 노출 시간이 많았더라도 '오늘부터' 다시 시작할 수 있습니다. 이 책을 집필하게 된 시작점과도 이어지는데요. 이미 미디어에 노출된 시간이 많은 아이이더라도, 바로 오늘부터, 엄마가 들려주는 목소리로 상호작용을 배울 수 있어요.

아이의 뇌는 어른의 뇌보다 더 말랑말랑하고 유연합니다. 외부 자극에 더 민감할 수도, 때로는 더 취약할 수도 있지요. 똑같은 질문에 정답을 말했을 때, 엄마가 지친 목소리로 "잘했어"라고 대답해 주는 것보다는 영상 속에서 동전이 반짝거리며 팡파르가 터지는 모습을 볼 때 자극이 되는 것은 당연하지요.

디지털 교과서가 도입되고 미디어가 아이와 나의 일상 더 많은 영역에 흡수되더라도 언어발달의 중심축이 상호작용이라는 것은 변하지 않습니다. 팬데믹 이후로 비대면 프로그램이 승가하고 메신저를 주고받는 일은 이미 일상이 되었고, 아이러니하게도 소통하는 기술이 전보다 더욱 중요한 능력이 되었습니다. 미디어를 통해 다양한 노출을 경험하게 될수록, 아이가 일상에서 언어 자극을 받으며 소통 기술을 익힐 수 있도록 해야 합니다. **상대방의 눈을 마주하며 표정을 읽고, 대화 분위기에 알맞은 적절한 말로 반응하는 태도야말로 유능한 청자의 모습이자 새로운 리**

더가 갖추어야 하는 덕목이 되었습니다.

미디어는 아이의 말뿐 아니라 학령기 무렵의 문해력 학습에 있어서도 일장일단을 지닙니다. '가뭄, 유적지, 측우기, 궁궐, 석굴암'과 같은 단어를 학습할 때는 당연히 이미지나 영상을 보여주는 것이 좋겠지요. 그러나 미디어 시청 시간을 통제하는 데 어려움을 가진 아이들에게 측우기 사진 한 번 보여주려다가 학습과 관련 없는 영상을 주야장천 시청하게 하는 부작용이 생길 수도 있습니다.

미디어가 학습에 있어서 유용한 스마트 도구가 될 수 있을지 여부는 사용자인 나의 아이에게 달려 있지요. 아이에게 언제 스마트폰을 사주어야 할지, 아이 방에서 어떤 영상을 보는지 점검하는 것이 좋을지에 대한 고민을 주변에서도 자주 듣곤 합니다. 다소 맥이 빠지는 결론이지만, 우리 가정과 나의 아이의 상황에 맞게 조절하는 수밖에 없습니다. 하루 중 일정한 시간을 정하여 아이와 함께 보실 것을 권합니다. 미디어의 단점 중 하나인 '일방적인 자극'을 아이와의 소통을 통하여 보완하는 것이지요. 학습적인 분위기에서 소통하지 않아도 괜찮아요. 즐겁고 유쾌한 영상을 함께 보면서, 아이와 함께 대화를 나누며 상호작용하는 시간을 늘리는 것도 좋은 방법입니다.

우리 아이 지혜로운 미디어 활용을 위한 일곱 가지 방법

- 아이가 좋아하는 채널을 정리해 보세요. 아이가 이 채널을 좋아하는 이유는 무엇일까요?
- 아이에게 미디어를 보여주고자 하는 목적은 무엇인가요(예: 학습, 외국어 노출, 엄마의 휴식, 집안일 할 시간 확보)? 미디어를 왜 보여주는지 점검해 본다면 보다 효율적으로 미디어를 다룰 수 있을 거예요.
- 24개월 미만의 아이에게는 미디어 노출을 최대한 자제해 주세요. 어린아이일수록 미디어가 주는 자극을 더욱 강렬하게 받아들입니다.
- 미디어를 시청할 때는 엎드려서 보거나 너무 가까이에서 보지 않도록 도와주세요. 리모컨은 엄마가 가지고 있는 것을 권합니다.
- 미디어를 시청하고 난 후, 반드시 아이와 대화하는 시간을 마련해 영상과 관련된 대화를 나눠 주세요(예: "누가 나왔어?" "어떤 이야기였어?" "○○(아이 이름)이라면 기분이 어땠을 것 같아?").
- 아이와 함께할 때, 무엇보다 아이와 놀이 상황이나 대화 상황에서는 엄마의 스마트폰을 멀리 떨어진 곳에 놓아주세요. 아이에게 온전히 집중합니다.
- 일상에서 스마트폰이나 TV를 보는 엄마의 모습보다 아이와 대화를 나누는 모습, 엄마와 아빠가 서로의 얼굴을 마주하며 대화를 나누는 분위기를 만들어 주세요.

② 엄마의 미디어

"아이 앞에서 스마트폰을 하면 안 되는 것을 알고 있는데도 실천하기가 어려워요."

"아이를 재우고 난 후 쉬고 싶은 마음에 SNS에 들어갔는데, 오히려 마음이 허탈해졌어요."

"친구 아이와 저희 아이가 동갑인데, 발달 속도가 많이 차이 나는 것 같아요. 친구가 올린 아이 영상을 보니까 벌써 문장으로 말을 하더라고요."

"아이가 혹시 말이 늦은 것은 아닌지 검색해 봤는데 댓글마다 의견이 달라서 오히려 더 혼란스러워졌어요. '36개월까지는 기다려 봐라', '지금이라도 언어치료를 시작해라', '집에서 말을 많이 해줘라' 뭐가 정답일까요?"

미디어는 아이를 양육하는 데 있어서 배제할 수 없는 도구입니다. 우선 다양한 정보를 얻는 데 필요합니다. 유명한 육아 전문가의 강의를 들으러 먼 곳까지 이동하지 않아도 내 공간에서 편안하게 고급 정보를 접할 수 있습니다. SNS 사용이 많아지면서 각 분야의 육아 전문가가 운영하는 계정이 늘어나고, 관련 강연과 모임도 어렵지 않게 참여할 수 있어요. 무엇보다 엄마에게 쉼을 제공하기도 하지요. 애가 스마트폰에 빠져 있는 짧은 시간, 쉬지 않고 일하던 엄마도 잠깐 엉덩이 내려놓을 시간을 얻을 수 있지요. 온라인 커뮤니티 안에서나마 고되고 외로운 마음을 달랠 공감과 위로를 얻기도 하고요.

그러나 정제되지 않은 정보를 가려내야 한다는 점에서 더 신중해야 합니다. 육아서로 정보를 얻던 시대와는 달리 전문적인 정보와 비전문가의 사견이 혼재된 정보가 아무런 필터링 없이 양산되어 혼란을 부추깁니다. 수면교육, 이유식, 배변 훈련 등을 검색하면 각각의 주제마다 1,000개 이상의 검색 결과가 나옵니다. 도움을 얻고자 하는 영상이나 이미지를 선택하고 육아에 적용하는 것은 엄마인 나의 몫이지요. 언어발달 전문가의 관점에서 볼 때도, '이러한 정보는 잘못된 것 같은데' 또는 '이렇게 많은 투 두 리스트가 오히려 양육자에게 언어발달 촉진에 대한 부담감을 주지 않을까?' 우려스러운 정보가 많았습니다.

양육 환경이 다르듯이 성장배경 또한 모두 같지 않습니다. 자녀를 교육하는 데 있어서 우선하는 가치관 또한 다를 수밖에 없겠지요. 어린 시절 사교육으로 인해 고통받으며 자란 양육자라면, 자녀만큼은 자연에서 마음껏 뛰어놀도록 키우고 싶다고 생각할 수 있습니다. 반대로 도시 생활을 동경하며 학창 시절을 보낸 양육자라면 좋은 학군지에서 혜택을 누리며 자라게끔 하고자 하는 마음이 투영될 수 있습니다. 온라인 커뮤니티나 SNS로 접하는 정보 때문에 에너지가 소모되거나 육아를 하는 데 방해가 된다고 느껴진다면, 스마트폰 사용 시간을 조절해 보세요. 커뮤니티에서 탈퇴하거나 계정을 삭제하지 않더라도 스스로 미디어 이용 시간을 정하고 지키는 것이 중요합니다. 틈날 때마다 타인의 SNS 계정을 살피는 것이 습관이었다면, 의식적으로 스마트폰 대신 책을 읽거나 다른 활동으로 대체하는 연습을 해보세요.

전문가의 의견 역시 참고는 하되, 내 아이에게 더욱 초점을 맞추기를 권합니다. 저 또한 부모 교육을 진행하고, 자녀교육서를 쓰고, 관련 콘텐츠를 제작하고 있지만 모두 '개별, 맞춤, 1대 1'이 아닌 다수를 염두에 두고 정보를 제시합니다. 아이가 지닌 강점과 환경을 깊숙하게 들여다보는 데 한계가 있기 때문에, 최대한 올바른 정보를 제공하되 '만약'이라는 가능성을 설정할 수밖에 없지요.

가장 경계해야 하는 것이 있다면 비교하는 마음입니다. '똑같은 워킹맘인데 나는 왜 저렇게 그림책을 매일 읽어주지 못할까?', '아이와 함께 책놀이도 해주지 못하고, 나는 게으른 엄마인가 봐', '재는 우리 애랑 비슷한 나인데 책 읽기에 집중을 잘하네. 한글도 벌써 뗐다니 대단하다.' 어쩌면 부모이기 때문에 자연스럽게 이런 생각을 할 수밖에 없습니다. 비교하는 마음을 갖지 않는 것이 오히려 어려울 수 있지요. 나도 모르게 커지는 비교하는 마음은 아이에게 집중할 에너지를 빼앗아 갑니다. 신경이 날카로워질 가능성도 크지요.

나의 아이가 미디어의 지배를 받지 않고 지혜롭게 다루기를 바라는 마음은 모든 양육자의 소망인 동시에 부모가 스스로 경계해야 하는 마음입니다. 미디어가 엄마의 삶을 방해하는 것이 느껴진다면 스스로 분리해 보세요. 미디어를 조절하며 아이와 상호작용하는 데 몰입한 마음은 아이에게 그대로 전해집니다. 엄마가 나와 함께하는 놀이와 대화에 흠뻑 젖어든다면, 아이 또한 미디어보다 엄마와 함께하는 시간을 선호하는 모습을 보일 거예요.

지혜롭게 미디어를 사용하는 엄마가 되기 위한 일곱 가지 방법

• 눈에 피로감이 느껴진다면 미디어 사용 시간(시청 시간)과 앱 실행 횟수를 조절해 보세요. 취침 30분 전부터는 스마트폰을 보지 않는 것이 숙면을 취하고 다음 날을 준비하는 데 도움이 됩니다.

• 아이를 재우고 난 후 또는 등원 이후에, 엄마가 좋아하는 영상을 시청하는 것은 스트레스를 해소하는 도구가 되어줄 수 있어요.

• SNS를 보면서 다른 아이와 내 아이를 비교하는 마음은 차단해 주세요. 연출된 이미지나 영상일 수 있다는 것을 기억해 주세요.

• SNS 속 광고를 보며, 내 아이에게 더 많은 것을 사주지 못하는 미안한 마음이 들 수 있어요. 더 나아가 죄책감이 든다면 역시 마음속에서 차단합니다. 많은 교구보다 질 좋은 상호작용이 아이의 언어발달을 촉진할 수 있답니다.

• 육아 전문가의 영상을 시청하며 도움을 받을 수 있지만, 무엇보다 중요한 것은 엄마의 소신입니다. 미디어로 접하는 전문가의 조언을 실천하는 것은 누구에게나 쉽지 않은 일이라는 것을 기억하세요.

• 아이의 언어발달에 대한 고민을 익명의 온라인 커뮤니티에 공유함

음로써 일시적으로 고민이 해소되는 듯한 감정을 느낄 수 있어요. 하지만, 언어발달 검사와 치료 여부는 전문가의 조언을 따라야 합니다.

• 온라인상의 언어발달 체크리스트는 그야말로 참고용입니다. 영유아기 아이의 언어발달을 정확하게 점검하기 위해서는 발달 체크리스트 외에 아이를 직접 마주하고 관찰하는 시간이 필요합니다.

엄마 탓이 아니에요 2:
아이 성향에 따라 말이 트이는 시기가 다릅니다

먼저 아이를 잘 관찰합니다

지금까지는 아이와의 상호작용에 영향을 줄 수 있는 환경적인 요소를 함께 살펴봤어요. 이제부터 본격적으로 내 아이에게 초점을 맞춰보고자 합니다. 언어발달의 주체는 아이입니다. 아이를 관찰하며 적절한 언어 자극을 주기 위해 양육자가 늘 애쓸 필요가 있지요. 아이에 대하여 면밀하게 알수록, 아이에게 적절한 자극을 주면서 반응을 이끌어 낼 수 있습니다. 하루 중 아이와 함께하는 시간이 길지 않더라도, 양육자는 내 아이에 대하여 가장 잘 알고 있습니다. 내 아이를 민감하게 파악할 수 있는 센서를 가지고 있기 때문이지요.

어쩌면 "저는 제 아이에 대해 여전히 잘 모르는 것 같아요"라고 반응하실 수 있어요. 아이를 출산한 이후의 과정을 내내 관찰하고 파악해야 하는 일은 안 그래도 많은 의무를 져야 하는 부모에게 부담스러운 일이 될 수 있어요. 그러니 눈에 보이는 모습부터 시작해 보세요. 아이의 상태에 따라 적절한 말을 들려주는 과정을 반복하다 보면, 처음 느꼈던 부담감도 어느덧 자신감으로 변할 수 있을 거예요. 처음은 누구에게나 낯섭니다. 저와 함께 아이에게 초점을 맞추고 관찰하는 첫걸음을 시작해 볼까요?

① 내 아이 관찰하기: 생활 패턴

'매일 마주하는 아이를 특별히 더 관찰할 필요가 있을까?' 생각하실 수 있습니다. 그러나 일상에서 함께하는 것과 면밀하게 관찰하는 일에는 차이가 있습니다. 주의해야 할 점은 아이의 언어 발달이 정상 범주에 있는지 주시하기 위한 목적이 아니라는 것입니다. 그렇다면 무엇을 관찰해야 할까요?

우리 아이 생활 패턴 관찰 기록지

※ 우리 아이의 생활 패턴을 확인하는 질문입니다. 즉각적으로 떠오르지 않는다면, 2~3일 아이를 관찰한 후, 차근차근 기록합니다.

1. 아이의 수면 패턴은 어떠한가요? 잠을 충분히 자는 편인가요?

....

2. 아이는 기관에서 어느 정도의 시간을 보내고 오나요? 아이가 기관에서 집에 온 직후에 무엇을 하기를 원하나요?

....

3. 우리 아이의 컨디션이 가장 좋은 시간대는 언제인가요?

....

4. 우리 아이의 컨디션이 가장 좋지 않은 시간대(또는 상황)는 언제인가요?

....

5. 아이는 주로 언제 식사를 하나요? 식사 중 컨디션은 어떤가요? 식후에는 무엇을 하기를 원하나요?

....

6. 아이는 주로 언제 씻나요? 목욕 중 컨디션은 어떤가요? 목욕하고 난 후에 무엇을 하기를 원하나요?

....

〈우리 아이 생활 패턴 관찰 기록지〉를 작성하는 중에 어떠셨나요? 이미 알고 있는 부분도 있고, 새롭게 살펴보게 된 부분도 있을 거예요. 기록한 내용을 살펴보며, 다음의 설명을 함께 연결해봅시다. 아이에게 말자극을 주기 위해 대화하는 데 튼튼한 기반이 되어줄 거예요.

첫째, 아이의 수면 패턴을 관찰함으로써 아이가 엄마 말에 가장 좋은 컨디션으로 집중할 수 있는 시간을 파악할 수 있어요. 어른에게도 충분한 수면은 삶의 질을 결정해요. 아이의 피로도가 가장 낮은 시간대를 발견하면서 아이뿐 아니라 엄마도 에너지를 충전하는 시간을 만들어 보세요.

둘째, 아이의 식사 패턴을 관찰함으로써 식사 시간 중에도 아이에게 말자극을 줄 수 있어요. 아이가 규칙적으로 식사하고, 반찬을 골고루 먹는 습관도 함께 다지는 일석이조의 시간이 될 수 있습니다.

셋째, 아이의 목욕 시간은 놀이가 되기도, 힘겹게 실랑이하는 시간이 되기도 합니다. 아이가 씻기를 거부한다면, 엄마의 체력에도 영향을 주지요. 목욕 시간을 놀이 시간으로 느낄 수 있도록 이끌어 주세요. 하루를 더욱 알차게 마무리할 수 있어요.

넷째, 아이가 기관 생활에 익숙해질수록 아이만의 패턴이 만들어집니다. 쉬고 싶어 하는 아이, 아침에 놀지 못했던 장난감으로 이어서 놀기를 원하는 아이, 엄마가 준비한 간식을 먹고 싶어 하는 아이 등 아이마다 원하는 것이 다를 수 있습니다. 등하원하는 동안 적절한 말자극을 줌으로써 아이의 욕구를 관찰하고 긴장감도 해소할 수 있답니다.

② 내 아이 관찰하기: 놀이

발달 전문가들은 놀이의 중요성을 강조합니다. 여러 번 강조해도 지나치지 않을 만큼 놀이는 아이에게 있어서 세상의 전부이자 삶 그 자체이지요. 언어발달 전문가들도 영유아 시기 놀이의 중요성에 대해 이야기합니다. 놀이는 언어를 재미있게 배울 수 있는 최고의 매개체예요.

일상에서 놀이하는 아이의 모습을 관찰해 보세요. 많은 장난감을 가지고 있지 않더라도 괜찮아요. 아이마다 놀이 수단이 다를 수 있습니다. 기찻길을 길게 연결하여 노는 것을 즐기는 아이부터 공 하나로 자신만의 놀이 규칙을 만드는 아이도 있지요.

아이가 선호하는 놀이 장소는 언어 자극을 주기에 가장 좋은 공간입니다. 아이가 좋아하는 놀이에 엄마가 함께한다면 아이도 더욱 오래 놀이를 지속할 수 있어요. 혼자 놀기를 즐겨하는 아이라면, 갑작스레 개입하기보다 아이가 노는 모습을 관찰해 보세요.

우리 아이 놀이 관찰 기록지

※ 우리 아이의 놀이 선호도를 확인하는 질문입니다. 즉각적으로 떠오르지 않는다면, 2~3일 아이를 관찰한 후, 차근차근 기록합니다.

1. 아이는 어떤 시간에 놀이를 가장 오래 지속하나요(예: 등원 전, 하원 이후, 저녁 식사 이후 등)?

2. 아이는 어떤 놀이를 가장 즐거워하나요?

3. 아이는 엄마와 함께하는 놀이 중, 무엇을 가장 좋아하나요? 엄마가 아이와 무엇을 함께해 주기를 원하나요(예: 블록놀이, 역할놀이, 책 읽어주

기, 함께 노래 부르기 등)?

4. 아이가 어떤 활동에서 어려움을 느끼는 편인가요? 어떤 놀이를 가장 짧게 하나요(예: 퍼즐, 그림 그리기, 그림책 읽기, 학습지 등)?

■ 아이가 놀이를 오래 지속하는 시간대를 파악해 보세요. 아이의 피로도가 높을 때는 좋아하는 장난감으로 놀이를 하는 것에도 지루함을 느낄 수 있어요. 엄마가 준비한 놀이와 대화에 몰입할 수 있는 시간대를 파악해 보세요.

■ 아이가 선호하는 놀이는 대화의 소재(재료)와도 연결될 수 있어요. 좋아하는 놀이를 함께하는 상황에서 엄마의 말에 더욱 귀를 기울일 수 있지요. 아이에게 익숙한 놀이, 아이가 가장 오래 몰입할 수 있는 놀이, 엄마가 함께 놀아주기를 바라는 놀이를 파악해 보세요.

■ 영유아기의 언어발달은 학습 상황보다 즐거운 분위기에서 더욱 성장합니다. 아이가 엄마와 대화하는 시간을 떠올렸을 때 '즐거운, 행복한, 재미있는, 존중받는' 느낌을 느끼도록 만들어 주세요.

■ 아이는 왜 엄마와 함께하는 시간을 원할까요? 엄마와 함께하는 시간은 세상에서 가장 편안하고 안정감이 느껴지기 때문입니다. 아이가 어떠한 말과 우스꽝스러운 모습을 보이더라도 엄

마는 따뜻하게 반응하지요. 아이마다 차이가 있지만 엄마와 안정적으로 함께 시간을 보낸 아이는 스스로 탐색하며 놀이하는 시기도 찾아올 거예요.

아이가 놀아주길 원하는 때마다 함께 놀이에 참여하기는 어렵습니다. 그렇지만 아이가 엄마와 함께하기를 원하는 놀이와 대화 주제를 통하여 놀이의 질을 개선할 수 있을 거예요.

③ 내 아이 관찰하기: 아이의 의사소통 살펴보기

아이는 매 순간 엄마와 의사소통을 시도합니다. 엄마가 아이의 시도에 민감하게 반응할 때도 있지만, 너무 익숙한 나머지 놓치게 될 때도 있지요. 특히, 영유아 시기에는 일상에서 아이가 드러내는 표현을 관찰하는 일이 중요합니다. 아이가 말로 자신의 요구나 생각을 표현하는 것이 서툰 경우에는 더욱더 몸짓에 의존하는 모습을 보일 수 있습니다.

이어 제시하는 기록지 또한 내 아이의 언어발달 수준이 객관적으로 어떤 수준인지를 평가하기 위한 것이 아니라, 아이가 일상에서 주로 어떤 방법으로 요구를 표현하면서 엄마와 소통을 시도하는지, 어떤 방식을 편안하게 느끼는지를 살펴보기 위한 지표입니다. 이 기록지를 통해 아이에게 어떻게 자극을 주어야 할지 방법을 모색할 수 있어요. 편안한 마음으로 아이를 관찰하고 난 후, 기록해 보세요. 어느새 아이의 작은 몸짓과 분명하지 않은 단어에도 귀를 쫑긋 세우고 있는 엄마의 모습과 마주할 수 있을 거예요(단, 아래 기록지에서 체크한 내용으로 아이의 언어발달 정도를 평가하지 않습니다).

〈우리 아이 의사소통 기록지〉

※ 우리 아이의 의사소통 방식 선호도를 확인하는 질문입니다. 즉각적으로 떠오르지 않는다면, 2~3일 아이를 관찰한 후 기록합니다.

1. 아이는 엄마의 주의나 관심을 끌 때, 어떻게 하나요(예: 집안일을 하는 엄마와 함께 놀이하고 싶거나 원하는 장난감을 요구하기 위해)?

☐ 행동으로만 표현해요(예: 엄마의 옷이나 손 끌기).

☐ '엄마/아빠'를 부르고, '원하는 사물/음식/장난감'의 이름을 말해요.

☐ '엄마/아빠'를 부르고, '원하는 사물/음식/장난감'을 소리를 내며 가리켜요(예: 손가락으로 자동차를 가리키며 '아아').

2. 아이는 주로 어떤 방식으로 요구를 표현하나요?(예: 몸짓, 몸짓과 부정확한 소리, 몸짓과 정확한 단어, 정확한 문장)

- 원하는 것(예: 음식, 장난감, 그 외의 사물)을 표현할 때

- 상대방이 해주기를 원하는 행동(예: 엄마가 과자를 주기를 원할 때, 엄마

가 밥을 더 주기를 원할 때, 원하는 장난감을 꺼내주기를 원할 때)을 표현할 때

3. 아이는 평소에 어떤 방식으로 말을 하나요(예: 아이가 배가 고픈 상황에서, 식탁 위에 놓인 과자를 보았을 때)?

☐ 단어(예: '밥, 까까, 맘마, 물'과 같은 하나의 단어 사용)

☐ 단어+단어(예: 양말+신어)

☐ 문장(예: "이건 엄마 양말이야.")

☐ 몸짓(예: 양말을 보면서 손가락으로 양말 가리키기)

☐ 몸짓+부정확한 발음(예: 양말을 가리키며 '암마'라고 말함)

4. 아이가 단어 수준으로 말을 한다면, 주로 말하는 자음으로 무엇이 있나요(예: /아빠/ – /ㅃ/ 자음)?

• 아이와의 의사소통 중 가장 최근에 말한 단어 또는 짧은 문장이 있나요?

5. 아이는 평소에 자신의 감정을 어떻게 표현하는 편인가요?

☐ 웃음, 울음, 때로는 짜증을 내며 표현해요.

☐ 자신의 감정을 명료하게 말로 전달해요.

☐ 몸짓과 함께 부정확한 단어나 목소리로 표현해요.

6. 자신의 요구가 즉각적으로 수용되지 않았을 때, 아이는 어떻게 반응하나요?

- ☐ 울음, 짜증, 화를 내는 모습으로 표현해요.
- ☐ 말로 정확하게 표현해요(예: "빨리 (해)주세요.")
- ☐ 엄마가 요구를 들어줄 때까지 기다려요.

기록하시면서 어떠셨나요? 하루 종일 아이와 붙어 있더라도, 어떤 질문에는 순간적으로 대답하지 못했을 수 있어요. 언어치료실에 처음 방문한 부모님에게 같은 질문을 드리면, 한참을 고민하기도 합니다. 아이가 어느 정도 '말'을 하는지에 주의를 기울여도, 사소한 몸짓까지 관찰하는 것은 쉽지 않기 때문이지요.

꾸준히 기록지를 작성하다 보면 어느 순간, 마치 성장 그래프처럼 의사소통 의도와 표현이 늘어나는 것을 발견하게 됩니다.

아이의 의사소통 의도를 잘 파악하는 방법이 있을까요?

내 아이의 의사소통 의도를 파악하고 민감하게 반응하는 것은 말처럼 쉽지 않을 수 있어요. 육아는 하면 할수록 새롭게 고된 일이고, 엄마의 에너지도 매일 동일하게 유지될 수 없기 때문이지요. 아이에게 민감하게 반응하려면 엄마의 컨디션을 먼저 회복해야 합니다.

더욱 솔직한 마음을 표현해 보자면, 아이가 또래와 달리 몸짓으로만 표현하려 들고, 분명하지 않은 단어로 말하는 모습만 보이면 절망스럽기도 합니다. 아이의 언어발달이 또래보다 늦은 것은 아닐까 염려하는 마음은 매일 커질 수밖에 없지요.

육아 방송이나 유튜브 채널을 보면서 '나는 아이를 다그치지 말아야지', '아이에게 억지로 말을 따라 하라고(말 모방) 강요하지 말아야지', '아이가 크는 속도를 존중해 줘야지' 다짐하지만 부모라면 누구나 아이의 언어발달 과정을 조마조마한 마음으로 바라보게 됩니다.

아이의 의사소통 의도를 파악하기 위해서는 먼저 아이의 소통 방식을 존중하는 분위기가 만들어져야 합니다. 아이가 마음껏 표현하게 한 후, 아이 행동의 의도를 엄마가 말로 부드럽게 들려주세요. 멋진 어휘와 긴 문장이 아니라도 괜찮아요. 나의 마음(행동의 의도)을 읽어주는 엄마 모습을 보며 아이는 지지받는 것을 느낍니다.

아이의 행동을 말로 표현해 줄 때, 전후 상황도 함께 살펴보세요.

엄마는 아이가 /과자 주세요/ 명확하게 말하기를 원하지만 아이는 /까까/ 한 단어로 말하며 과자 상자가 놓인 선반 위를 가리킬 수 있습니다. 엄마가 아이에게 즉각적으로 과자를 주지 않았을 때는 투정으로 이어질 수도 있겠지요.

아이가 배가 고프고 좋아하는 과자라서 먹고 싶어 한다면 "과자 먹고 싶어?" 이렇게 말하면서 선반 위에 있는 과자를 내려주세요. "'과자 주세요' 이렇게 말해야지 줄 거야", "'과자 내려 주세요' 한번 말해 봐", "엄마 말 따라 해야 줄 거야. 과-자-주-세-요." 이러한 반응을 지속적으로 보인다면, 아이에게는 '말하기는 어렵고 복잡한 것'으로 기억될 수 있습니다.

아이의 안전에 이상이 없는 상황에서라면, 아무리 조급한 마음이 들더라도 아이가 엄마의 말을 들을 준비가 될 때까지 기다려 주세요. 관련 그림책을 읽거나 엄마와 대화를 나누면서 "과자네! 우리 OO(아이 이름)(이)도 과자 좋아하지? 과자가 먹고 싶다면, '과자- 주세요.' 이렇게 말하면 돼"와 같이 말해주세요. 그리고 다시 한번, "과자가 높은 곳에 있을 때는, '과자- 내려주세요' 이렇게 말할 수 있어"라고 천천히 한 번 더 들려주세요.

아이와 함께하는 일상은 책 속의 한 줄처럼 간단하게 정리되지 않을 가능성이 높아요. 아이가 성장함에 따라 성향이나 선호도가 달라지기도 하지요. 하지만 인내심을 가지고 관찰하다 보면 아이가 어떠한 상황에서 가장 즐거워하는지, 화를 내는지, 어려움을 느끼는지 엄마가 파악해 갈 수 있어요.

여기에서는 양육자*를 편의상 '엄마'로 표현했어요. 내 아이를 관찰하는 과정에 있어서 아빠의 역할은 때로는 거름이 되어주고 때로는 든든한 나무가 되어줄 수 있답니다. 가정마다 모습은 다양할 거예요. 아이에게 엄마와 아빠의 이야기를 '함께' 들려주며 서로의 부담감을 나누고 지지하는 마음으로 채워가기를 응원합니다.

* 이 책에서의 '양육자'는 엄마, 아빠뿐 아니라 조부모님, 그 외에 아이와 일상을 함께하는 주양육자를 칭해요.

8 엄마 탓이 아니에요 3:
조용한 엄마에게도 강점이 있어요

엄마의 컨디션을 살피며 시작하는 말자극

아이를 출산한 순간부터 엄마는 내가 아닌 아이에게 모든 에너지를 집중하지요. 많은 전문가가 하루나 일주일 중 짧게라도 엄마를 위한 시간을 갖도록 권합니다. 하지만 육아 현장에서는 낮잠을 짧게 자는 것조차도 사치로 여겨질 때가 많습니다.

기억해 보면, 아이가 처음 등원했던 날, 갑자기 주어진 혼자만의 오전 시간에 무엇을 해야 할지 몰라 막막했던 경험이 떠오릅니다. 짧게라도 분위기 좋은 카페에서 커피를 마시며 책을 읽고 싶었지만, 집안일을 잠깐 하고 나니 어느덧 점심시간이었지요. 아이를 등원시키고 집에 돌아와 스마트폰을 잠깐 들여다본 새에 그야말로 '시간 순삭'을 경험한 적도 많았어요.

몇 년의 시간이 지나 되돌아보니, 엄마만의 편안한 시간을 갖는 데 장소는 크게 중요하지 않았습니다. 가끔 드라이브를 떠나거나 분위기 좋은 카페에 가는 것이 기분 전환은 될 수 있겠지요. 그러나 더욱 중요한 것은 아이가 아닌 '나'에 대해 생각하며 에너지를 채우는 시간입니다. 내가 언제 가장 즐거운지, 어떤 상황에서 가장 인내심의 한계를 마주하는지, 무엇으로 에너지를 채울 수 있는지에 대한 고민은 행복한 육아로 이어질 수 있습니다.

혹 '나는 나를 돌아볼 만큼 육아가 힘들지 않아.' 생각하실지도 모릅니다. 그런 분들도 편안한 마음으로 읽어주세요. 아이에게 말자극을 주기에 가장 좋은 상태를 탐색할 수 있을 거예요.

① 나(양육자)의 환경

나(양육자)의 환경 탐색 기록지

※ 양육자의 환경을 확인하는 질문입니다. 이 기록지는 내 아이를 관찰할 때와는 조금 다르게, 질문을 읽고 즉각적으로 떠오르는 것들을 적어보세요. 정답을 찾기보다 편안하고 솔직하게 기록해 보세요.

1. 나(양육자)는 언제 일어나고, 취침 시간을 갖는 편인가요?

2. 나(양육자)는 어떤 상황에서 가장 편안함을 느끼나요(예: 아이가 등원

했을 때, 아이와 함께할 때, 맛있는 음식을 먹을 때 등. 단, '아이와 함께할 때' 편안함을 느끼지 않는다고 해서 죄책감을 갖지 않아도 됩니다.)?

3. 나(양육자)는 어떤 상황에서 가장 스트레스를 받는다고 느껴지나요(예: 아이가 집안을 어지를 때, 계획했던 일이 아이 때문에 틀어질 때, 충분한 잠을 자지 못할 때 등)?

4. 나(양육자)는 무엇을 할 때 에너지가 충전되는 편인가요?

5. 나(양육자)는 어떤 시간대에(또는 어떤 상황에서) 아이와 상호작용(또는 놀이)을 보다 길게 유지할 수 있나요(예: 등원 전, 저녁 식사 이후, 집안일을 마치고 난 후)?

6. 나(양육자)는 아이와 분리된 상황에서(예: 등원 이후, 아이의 낮잠 시간/밤잠 시간) 주로 무엇을 하는 편인가요(예: 집안일, 스마트폰, 회사 재택근무, 취침 등)?

엄마 자신이 처한 환경과 성향을 파악하며 가장 중요하게 생각해야 하는 점은 바로 죄책감에서 벗어나는 것입니다. '아이에게 매일 언어 자극을 주지 않은 것, 엄마와 아빠가 아이 앞에서 다툼을 한 것, 피곤하다는 이유로 아이에게 민감하게 반응해 주지 못한 것'에 대한 죄책감을 버리고 내가 가장 에너지를 낼 수 있는 시간을 파악하기를 바랍니다.

② 양육자의 반응

아이는 끊임없이 엄마와 의사소통을 시도합니다. 여러 자녀를 챙기거나 집안일을 하느라, 또는 회사 일 때문에 힘든 상황 속에서도 엄마는 아이에게 반응하기 위해 매 순간 최선을 다합니다. 아이와의 1대 1 상황을 만들고자 노력하고요.

언어치료를 비롯한 여러 발달을 돕는 치료는 대부분 전문가와의 1대 1 상황으로 진행됩니다. 1대 1의 시간을 통해 전문가는 아이의 몸짓부터 발성, 정확한 말, 부정확한 말까지 섬세하게 관찰할 수 있어요. 아이도 전문가가 오롯이 자기에게만 집중하는 시선을 느끼며 반응하지요. 아이마다 선호하는 장난감도 다르기에, 전문가는 매시간 다른 환경을 구성합니다(예: 장난감의 종류, 분위기, 언어 자극을 줄 때의 말의 길이 등).

아이마다 좋아하는 놀이와 대화의 주제가 다르듯, 엄마가 선호하는 장난감도 다릅니다. 엄마도 흥미를 갖는 장난감이나 대화 주제라면, 놀이와 대화가 더 오래 지속될 수 있을 거예요. 아이와 함께할 때, 엄마인 나는 어떤 놀이에 흥미를 갖는지, 특히 어떤 놀이를 힘들게 느끼는지 편안하게 떠올려 보세요.

언어발달 상담 현장에서 아이가 특정 장난감만 좋아하는데 도무지 놀아줄 방법을 모르겠다고 하소연하는 부모님을 자주 만납니다. "저희 아이는 몇 날 며칠, 아니 몇 달 동안 공룡만 가지고 놀려고 해요. 저는 이제 겨우 공룡 이름 몇 개를 외웠는데 너무 재미가 없어요. 아이가 이끄는 대로 놀고 반응해 줘야 하는데 어떻게 해야 할까요?" 이러한 고민은 언어치료 현장뿐 아니라 맘카페, 또래 육아 모임에서도 종종 듣게 됩니다.

상황을 떠올려 보면, 엄마는 아이가 놀이를 제안하거나 대화를 시도했을 때 반응해 주고자 충분히 애쓰며 귀 기울였을 거예요. 놀이 상황에서 에너지가 많이 소진되어서, 오히려 미안한 마음이 남았을 가능성이 크지요. 엄마가 좋아하는 놀이와 아이가 관심을 보이는 놀이가 일치하지 않을 수 있다는 것을 편안하게 받아들여 보세요.

기록지의 질문에 답하면서 아이가 좋아하는 놀이와 함께 엄마가 좋아하는 놀이도 떠올려 보세요. 일상에서 아이와 길게 놀이하거나 대화를 지속하기 어렵다는 느낌이 들었다면, 질문지를 통해 아이와 더 오래 상호작용을 지속할 수 있는 연결고리를 발견할 수 있을 거예요. 아이가 성장함에 따라, 기록지의 답은 유동적으로 달라질 수 있습니다.

나(양육자)의 반응 탐색 기록지

※ 양육자의 반응 탐색을 확인하는 질문입니다. 이 기록지는 내 아이를 관찰하는 것과는 조금 다르게, 질문을 읽고 즉각적으로 떠오르는 것

들을 적어보세요. 정답을 찾기보다 편안하고 솔직하게 기록해 보세요.

1. 나(양육자)는 아이와 무엇을 하며 놀 때 가장 몰입하는 편인가요?

---

2. 나(양육자)는 아이와 어떤 대화를 할 때 가장 흥미를 느끼나요(예: 아이의 어린이집 일과, 아이와 함께 읽은 책에 대한 이야기 등)?

---

3. 나(양육자)는 아이와 무엇을 할 때 가장 지루함을 느끼나요? 그럴 때, 아이에게 어떻게 반응하나요(예: 공룡놀이 → 이제 다른 놀이를 하자고 제안한다)?

---

4. 나(양육자)는 스트레스가 높은 상황에서 아이의 놀이 또는 대화 제안에 어떻게 반응하나요?

☐ 피곤하지만 아이와 10분 이상은 시간을 갖는다 → 아이에게 최대한 반응해 준다.

☐ 피곤하지만 아이와 10분 이상은 시간을 갖는다 → 아이에게 결국 화를 내게 될 때도 있다.

☐ 컨디션이 좋지 않은 날은 아이의 제안을 거절한다.

☐ 아이의 제안을 거절한 다음 날, 아이와 최선을 다해 놀아준다.

5. 나(양육자)는 아이와 무엇을 할 때 가장 막막함을 느끼나요(예: 아이의 행동을 말로 읽어주기, 아이의 의사소통 시도에 반응해 주기, 아이에게 그림책

읽어주기 등)?

6. 나(양육자)는 아이와 함께 놀이할 때 주로 어떻게 반응하는 편인가요(해당되는 모습에 모두 체크)?

☐ 아이의 말 따라 말하기

☐ 방청객처럼 리액션하기

☐ 아이의 말 경청하고 반응하지 않기

☐ 아이의 말에 관련된 질문하기

☐ 아이의 말에 관련되지 않은 질문하기

7. 나(양육자)와 아이가 함께 상호작용하는 데 있어서 방해가 되는 것은 무엇인가요(해당되는 모습에 모두 체크)?

☐ 스마트폰 알림 확인

☐ 집안일을 해야 한다는 마음

☐ 놀이로 생각하기보다 아이를 가르치고자 하는 마음

☐ 형제자매

☐ 아이가 흥미를 갖는 것에 대해 흥미가 없음

희망적인 메시지를 전하자면, 아이는 항상 엄마의 반응을 기다린다는 거예요. "지금까지 아이에게 민감하게 반응해 주지 못했는데, 오늘부터 잘할 수 있을까요? 아이가 엄마를 어색하게 보지 않을까요?" 이러한 궁금증을 가질 수도 있어요. 현장에서 경험했던 많은 사례를 보자면 "네, 오늘부터 시작하셔도 됩니다." 이렇게 답변을 드리고 싶어요.

아이가 흥미를 보이는 것과 엄마의 관심사가 다르다면, 아이가 관심을 보이는 것에 대해 아이에게 물어보세요. "이 자동차는 뭐야? 어떤 자동차가 제일 빨라?" (아이가 대답한 후) "우리 ○○(아이 이름)이 자동차 박사님이네! 너무 멋지다", "이 공룡은 이름이 뭐야? (아이가 이름을 대답한 후) 우와, 이름이 정말 긴데, 이렇게 잘 알려줘서 고마워." 이렇게 반응해 주는 거지요.

아이가 엄마가 한 질문에 답하는 데 어려움이 있거나, 혼자만 장난감을 가지고 놀고자 하는 경우도 있어요. 이때는 아이 혼자 장난감을 탐색할 수 있는 충분한 시간을 주세요. 그러고 난 후, 아이의 놀이를 모방해 주세요. 아이가 자동차를 밀면서 논다면 그 모습을 따라 하고, 아이가 "크아~" 하고 공룡 소리를 낸다면 엄마도 "크아~"라고 말하며 아이를 모방해 주세요.

내 아이를 가장 잘 아는 존재는 바로 나, 아이의 양육자, 아이의 엄마와 아빠입니다. 아마도 아이에게 적절하게 반응하는 여러 가지 방법을 SNS에서 어렵지 않게 접하셨을 거예요. 그럼에도 '내 아이'에게 '맞춤형'으로 반응해 줄 수 있는, 아이에게 있어 최고의 놀이 큐레이터이자 상호작용 상대자는 바로 엄마라는 사실을 잊지 마세요!

③ 양육자의 강점

잠든 아이를 보면서, 하루 동안 아이에게 부족하기만 했던 모습을 떠올리는 때가 많습니다. 돌이켜 보면 저 역시 아이에게 '더 많은' 것을 해주지 못한 죄책감 때문에 잠을 설치곤 했습니다. 언제나 미안함과 반성하는 마음으로 시작했다가 자책하고 배우자를 비난하는 것으로 끝나고 말지요. 그러나 모든 엄마에게는 자신만의 강점이 있습니다.

언어치료 현장에 처음 방문한 많은 엄마가 "저는 아이와 잘 놀아주지 못하는 것 같아요. 아이가 저랑 노는 것을 재미없어해요" 또는 "저는 말도 빠르고 아이에게 질문도 많은 편이에요. 고쳐야 할 것 같아요"와 같이 반성하곤 합니다. 이야기를 함께 나눈 후, 아이와 엄마가 놀이하는 모습을 관찰하는 시간을 갖습니다.

많은 엄마들의 걱정과 다르게 아이와 엄마가 함께 노는 모습을 보게 되면, 엄마의 단점보다는 장점을 발견하게 되는 경우가 많습니다. 말수가 적다고 고민하는 분들은 오히려 아이의 반응을 차분하게 기다려 주는 모습을 보입니다. 또한 말이 너무 많고 빨라서 걱정이 된다고 고백한 엄마의 경우 아이와 유쾌하게 놀아주는 모습을 보이지요.

아빠의 경우도 마찬가지입니다. "평소 회사 일이 바빠서 아이와 함께 있는 시간이 부족해요", "아이가 엄마보다 아빠를 덜 좋아하는 것 같아요" 이야기하던 아빠의 놀이 모습에서도 다양한 강점이 관찰됩니다. 아이는 아빠와 놀기만을 기다리고 있었는

데, 그 눈빛을 읽지 못했다는 것을 알게 된 경우도 있었습니다.

다음은 양육자의 강점을 발견하기 위한 기록지입니다. 점수를 산출하기 위한 것이 아니라, 아이와 상호작용을 하는 데 있어서 엄마·아빠의 강점을 살펴보는 시간을 갖고자 합니다. 이 시간을 통해서 아이와 가장 재미있게 몰입할 수 있는 놀이도 함께 탐색해 보세요. 아이와 상호작용을 하는 데 있어서 '자신감'이라는 자원을 만드는 시간이 될 거예요.

나(양육자)의 강점을 발견해요

※ 양육자의 강점을 발견하기 위한 질문입니다. 강점의 개수에 초점을 두기보다, 아이와 놀이 상황(대화 상황)일 때 나의 모습을 떠올려 보세요. 생각보다 많은 강점을 발견할 수 있을 거예요.

1. 나(양육자)는 아이와 대화할 때, 어떠한 반응을 보이나요? 내가 가장 잘할 수 있는 반응이 있다면 무엇일까요?

☐ 아이가 말을 정확하게 하지 않더라도 끝까지 경청하기

☐ 아이의 말에 마치 방청객처럼 리액션하기(예: "우와~", "그랬어?", "그랬구나~")

☐ 아이의 말에 칭찬과 격려해 주기(예: "정말 멋진걸!", "최고야!" "잘했어.")

2. 나(양육자)는 아이와 놀이 상황에서, 어떠한 역할을 하나요? 상황에 따라 달라질 수 있지만, 주로 취하는 모습을 생각해 보세요.

- ☐ 아이가 주도하는 대로 따라간다(예: 엄마는 마트놀이를 준비했지만, 아이가 공룡 놀이를 원한다면 아이가 원하는 놀이에 맞춰준다).
- ☐ 아이에게 새로운 놀이나 방법을 제안(제시)한다(예: "우리 이제 마트 놀이할까?").

3. 나(양육자)는 아이와 함께하는 놀이 중 어떤 놀이를 가장 잘할 수 있나요?

- ☐ 역할놀이(예: 주방놀이, 뽀로로 유치원 놀이, 마트 놀이 등)
- ☐ 블록 놀이, 블록 이외의 조립 놀이
- ☐ 그림 그리기 놀이
- ☐ 그 외: ....

4. 엄마(아빠)와 아내(남편)의 역할을 떠나서, 나(양육자)는 어떤 강점을 가지고 있나요? 해당되는 것에 모두 체크해 보세요.

- ☐ 정리를 잘하는 편이다(예: 집안 정리, 책꽂이 정리, 스케줄 정리 등).
- ☐ 누군가의 이야기를 귀 기울여 들어준다.
- ☐ 무언가를 잘 만드는 편이다(예: 요리, 뜨개질, 공예 등).
- ☐ 누군가를 가르치는 일을 잘하는 편이다.
- ☐ 사진을 잘 찍는 편이다.
- ☐ 그 외:

5. 나(양육자)는 무엇을 떠올리면 가장 기쁜가요? 시간이 주어진다면, 무엇을 하고 싶나요? 나만의 이야기를 자유롭게 기록해 보세요.

아이가 태어난 이후로는 '아이 이름+엄마'라는 이름에 익숙해진다고 말합니다. 어린이집 친구 엄마도, 우연히 마주친 이웃 아주머니도, 양가 부모님도 나의 이름보다 아이 이름을 넣은 '엄마'라고 부르게 되지요. 우리 아이의 장점을 떠올리는 시간은 마련해 보았어도, 나의 강점을 떠올려 보는 시간은 낯설게 느껴지셨을 수도 있어요.

혹시, 기록하면서 어떠한 강점도 가지고 있지 않다고 생각했을 수도 있습니다. 열 달이라는 시간 동안 아이를 뱃속에 품고, 출산의 과정을 견디며, 지금까지 아이의 필요를 채우기 위해 애써 온 시간만으로도 엄마는 수많은 강점을 품고 있습니다. 매일 밤, 자책하는 마음과 반성하는 마음을 버리고, 엄마 스스로를 격려하고 칭찬하도록 노력해 주세요. 이 시간을 통하여 다음 날 아침, 아이가 일어났을 때 밝은 얼굴로 맞아줄 수 있는 에너지를 만들 수 있답니다.

자신의 강점을 찾은 직후에는 양육자 간 서로를 격려하는 말을 주고받기를 권합니다. 분주한 육아 일상이 끝나고 모든 기운이 소진된 상태에서 배우자에게 칭찬의 말을 전하기 부끄러울 수 있어요. 이럴 때는 '때문에'가 아닌, '덕분에'를 사용해 보면 어떨까요? '당신이 집에 늦게 왔기 때문에', '당신이 아이와 놀아주지 않았기 때문에', '당신이 도와주지 않았기 때문에'와 같은 비난의 말보다 '당신 덕분에 오늘 하루도 무사히 마무리할 수 있었어', '당신이 애써준 덕분에 편안하게 일할 수 있었어', '당신 덕분에 잠시나마 쉴 수 있었어'와 같은 감사의 말을 전해보세요.

아이도 가정의 따스한 분위기 속에서, 말에 대한 자신감뿐 아니라 격려하는 말을 자연스럽게 배울 수 있답니다. 오늘도 아이의 언어발달을 돕기 위해 휴식 시간에도 이 책을 읽고 있는 엄마 아빠에게 응원의 마음을 전합니다.

2

조용한 엄마를 위한
말자극 상담소

8 30개월 우리 아이, 말이 늦은 것 같아요

사례 언어치료를 시작해야 할까요?

30개월이 된 남자아이를 키우고 있어요. 주변에서 원래 남자아이는 말이 늦다고 하지만 저희 아이는 이제 겨우 '엄마, 아빠, 물, 아니야' 정도만 말합니다. 저는 워킹맘이라 아이는 주로 어린이집에 있어요. 양가 부모님께서도 아이를 돌봐주실 상황이 되지 않으시고요.

얼마 전 영유아 검진 때 의사 선생님께서 아이가 다른 발달은 또래에 비해 빠르거나 평균인데 언어발달은 느린 편이라고 하시네요. 그 말을 듣고 정보를 찾아보았는데 24개월 무렵이면 단어도 많이 말하고 빠른 아이들은 짧은 문장도 말한다고 나오더라고요.

아이가 말을 이해하는 정도는 또래와 비슷한 것 같아요. 심부름도 잘하고, 엄마 말의 대부분을 이해하는 것 같다는 생각에 36개월까지 기다려 볼 생각이었습니다. 놀이할 때도 주로 혼자 노는 편입니다. 엄마가 끼어드는 것을 좋아하지 않아요.

가끔 뵙는 조부모님도 말이 늦은 것 같다고 걱정하시고, 아이 어린이집 친구들과도 비교하는 마음을 갖게 되네요. 집 근처에 언어치료실이 있는데, 검사를 받아보는 것이 좋을까요? 아니면 36개월까지 조금 더 기다려볼까요?

내 아이의 언어발달이 늦다는 생각이 드는 순간부터 양육자의 마음은 조급해지기 시작합니다. 더군다나 조부모님의 채근이 시작되면 크고 작은 갈등이 생기지요. 조부모님은 손주가 걱정되는 마음에 한 말이 부모에게는 밤잠을 설치게 하는 아픈 말이 되기도 하지요. 자책하는 마음도 들고요.

최근 다양한 원인으로 인하여 언어발달이 늦은 아이들이 증가하는 추세입니다. 가정에서는 아이를 볼 때 더 혼란스러울 수 있어요. 집에서 언어 자극을 많이 주지 않아서 아이 말이 늦은 건지, 마스크 착용의 영향인지, 다른 또래 아이들의 언어발달은 어떠한지 궁금한 마음이 앞서고요.

언어발달 연구에 의하면, 24~36개월 무렵은 아이가 이해하는 단어의 수가 폭발적으로 증가하고, 이해한 단어를 스스로 붙여서 말하는 시도를 하는 시기로 보고 있어요. 이전에는 '우유' 또는 '차'라고만 말했다면 '우유+먹어', '차+타'로 '단어+단어'의 형태로 표현하는 거지요.

다만, 단어를 붙여서 말하는 시기에는 아이마다 차이가 있습니다. 가정에서 조금 더 세밀하게 살펴봐야 하는 기준은 '아이가 단어를 얼마나 이해하는지', '일상 중에 자음을 산출하려는 시도를 많이 하고 있는지', '의사소통 시도를 하며 다양한 발성 또는 말소리를 산출하는지' 여부예요.

아이 언어발달이 늦다고 생각하게 되면 무엇보다 아이를 걱정하는 마음이 앞서게 되고, 아이의 언어발달 정도를 확인하고자 하는 마음으로 아이에게 말을 걸 가능성이 큽니다. 예를 들어 "엄마 따라해 봐", "이게 뭐였지?", "사탕! 말하면 엄마가 줄게"와 같이 일방적인 의사소통을 하게 되지요.

현재 30개월 아이의 정확한 언어발달 정도를 알고 싶다면, 언어발달 전문가에게 언어평가를 받아보기를 권합니다. 평가를 통하여 아이가 말을 이해하는 능력뿐 아니라 표현하는 능력 또한 면밀하게 살펴볼 수 있어요. 무엇보다 가정에서 어떻게 언어발달을 촉진해줄 수 있는지에 대해 전문가와 함께 로드맵을 그려갈 수 있습니다(이 시기에는 수치적인 측면보다 로드맵을 그려가는 과정이 더욱 중요합니다).

그렇다면, 전문가를 만나기 전에 준비해야 할 것이 있을까요? 평소 아이의 언어발달에 대해 궁금한 점을 기록하고, 자연스러운 상황에서 아이와의 상호작용(놀이) 하는 모습을 5~10분 정도 영상으로 담아보세요. 아이가 평소에 자주 사용하는 단어와 문장을 기록하는 것 또한 언어발달 촉진에 있어서 도움이 될 수 있답니다.

무엇보다 **아이의 말이 늦은 원인을 엄마 자신에게 두지 '않는' 마음가짐이 필요합니다. 아이의 말하기 환경을 분석하는 과정은 중요하지만, 자책하는 마음으로 이어지지 않아야 합니다. 엄마는 지금도 충분히 최선을 다하고 있어요. 아이의 언어발달 검사 결과가 엄마의 육아 성적표가 아니라는 것도 함께 기억해 주세요!**

아이의 발음이 부정확해요

사례 발음을 어떻게 고쳐야 할까요?

저는 36개월 여자아이의 엄마예요. 아이의 주양육자는 저이고 아이 아빠는 퇴근한 후 아이와 시간을 가지려고 최대한 노력하는 편입니다. 아이는 12개월 무렵에 첫 단어를 말했고, 그후 24개월까지 정확하게 말하는 단어가 많지 않았어요. 아이는 18개월 무렵에 어린이집에 입소했습니다.

24개월 이전까지 아이의 수용언어는 또래와 크게 차이가 없는 듯 보였어요. 저도 아이 돌이 지나고 컨디션이 회복되면서, 가정에서 꾸준히 아이와 시간을 가졌습니다. 노력 덕분인지 아이가 24개월이 지나면서 갑자기 단어 표현이 많아지더니 지금은 짧은 문장을 말할 때도 있어요.

기쁜 마음도 잠시, 최근에는 아이의 발음이 신경 쓰이기 시작했습니다. 아이가 말할 수 있는 단어가 많아지면서 아이 말을 가끔 못 알아들을 때가 있어요. '없어'→ /어떠/, '양말'→ /얌마/, '자두'→ /다두/ 이렇게 발음하는 모습을 보여요. '아이스크림'은 /아끼임/으로, /미끄럼틀/은 /미끄어/로 발음하고요. 문장을 말할 때는 더 부정확하게 들립니다.

아이가 정확하게 발음하도록 가정에서 도와줄 방법이 있을까요? 자기 전에 그림책을 읽어주고 있는데 이 외의 방법이 있는지 궁금합니다. 평소 저의 말 속도가 빠른 편인데 혹시 이 영향이 있는지도 알고 싶어요.

최근 들어 발음에 대한 고민을 이야기하는 양육자가 늘어나고 있습니다. 마스크 착용 때문인지, 아이의 말이 늦게 트였기 때문인지, 또는 아이의 구강구조에 기질적인 문제가 있는지 여부를 생각하곤 하지요. 아이의 발음이 부정확하게 들릴 때마다 염려되는 마음을 아이 앞에서 숨기려고 노력할 때도 있습니다.

아이의 발음에 대한 시원한 정보는 맘카페나 육아서 안에서 찾기가 쉽지 않습니다. 가장 큰 이유는 아이마다 발음하는 양상이 다르기 때문이지요. 발음의 발달 과정에 대한 정보는 온라인을 통해서도 알 수 있지만, 아이의 발음이 계속 부정확하게 느껴진다면 전문가의 귀로 듣고 그에 따른 의견을 듣는 것이 좋습니다.

36개월은 아이의 발음이 '발달하는 과정 중'에 있는 시기입니다. 만 1~2세 아이에게는 '할아버지'를 /하지/, '포비'를 /포포/, '물'을 /무/로 발음하는 현상은 자연스러운 과정입니다. 만 3세가 되면서 이러한 오류가 점점 줄어들지만, 여전히 발달하면서 오류를 보입니다. 아이는 편하게 발음하기를 선호하면서도, 각 자음을 정확하게 발음하려고 시도하지요.

각 자음의 정확한 발음 연령은 연구마다 약간의 편차를 보입니다. 대체로 /ㅈ/는 만 3세, /ㅅ, ㄹ/는 만 4~5세 이후에 습득하지만, 아이마다 습득 과정 중 발음의 패턴과 숙달 연령에 있어서 개인차가 존재합니다.

'양말'을 /양마/로, '공룡'을 /곤농/으로 발음하는 패턴은 만 2~4세 아이에게 종종 관찰됩니다. 그게 더 발음하기 쉽기 때문이지요. 단어가 즉각적으로 떠오르지 않거나 말 속도를 빨리할 때는 이러한 오류를 더 자주 보입니다.

가정 내에서 빠르지 않은 속도로 아이에게 말을 들려주세요. 아이가 단어의 정확한 발음을 더 쉽게 들을 수 있습니다. 부자연스럽게 끊어서 말하거나 지나치게 느리게 말하기가 아닌, 천천히 부드럽게 말을 들려주세요. 이러한 말하기 방법은 이후에 새로운 단어를 습득할 때에도 도움이 됩니다.

그리고 그림책을 읽어주는 시간을 꾸준히 만들어 주세요. 일상에서는 아이에게 정확한 발음을 들려주기에 제약이 따를 수 있어요. 주변의 생활 소음, 등하원 전후의 일정, 아이의 컨디션으로 인해 정확한 발음을 들려주는 데 어려움을 갖게 되지요. 그림책 또한 천천히 부드럽게 읽어주세요. 아이가 읽어주는 엄마의 얼굴과 입 모양을 함께 볼 수 있다면, 읽어주는 엄마의 말소리에 더욱 집중할 수 있어요.

일상에서는 단어와 문장을 반복해서 들려주는 시간도 함께 마련해 보세요. 아이가 "나 틴대에서 달 거야"라고 말했을 경우, "아, 침-대! 침대에서 잘- 거구나! (입술을 부드럽게 모으며) 침-대로 가자!" 이렇게 들려주는 거지요.

엄마의 말을 따라 하도록 강요하기보다 정확한 말소리를 자주 들려주세요. 정확하지 않더라도 아이 스스로 발음하기를 시도하고, 발음 기관(예: 입술, 혀, 턱)을 움직여 보는 경험이 바탕이 되어야 합니다. 아이 말을 차분하게 들어주는 엄마의 자세 또한 아이가 발음을 정확하게 하는 데 원동력이 되어줄 수 있습니다.

아이 말이 트이고 나니, 말을 더듬어요

사례 말을 더듬을 때는 어떻게 하나요?

저희 아이는 33개월 남아입니다. 세 살 터울의 누나도 있어요. 언어 표현은 또래 아이들과 비슷한 편이에요. 아이가 얼마 전부터 같은 말을 반복해서 말하기 시작했어요. 예를 들어 "시소시소시소 탈래." 이렇게 말하거나 "저번에 저번에… 저번에 엄마랑 갔어." 이렇게 말합니다. 단어가 생각나지 않을 때는 "음… 어…"와 같은 말을 하며 뜸을 들이기도 해요.

어린이집은 돌 무렵부터 다니기 시작했는데, 적응하는 데 시간이 조금 걸렸어요. 현재는 잘 다니고 있습니다. 아이가 조금 예민한 편인 것 같기도 해요. 가리는 음식도 많고, 조금 까다로운 편입니다. 새로운 환경에 적응도 오래 걸리고요.

정보를 찾아보니 부모의 말 속도가 빠르면 말을 더듬게 된다고 하는데, 아이 아빠와 저의 말 속도가 빠른 편이에요. 생각해 보니 누나와 동시에 말할 때 유독 말을 반복하는 것 같아요. 서로 경쟁하듯이 저에게 말을 할 때도 있고요.

이러한 경우에 가정에서 도와줄 수 있는 방법은 없을까요? 아이의 말 반복이나 더듬는 정도가 더 심해질까 봐 걱정되는 마음이 앞서네요. 아직 언어치료실에 방문하기엔 이른 것 같고요. 기다려 주면 아이의 말 반복이 줄어들 수 있을까요?

2~5세의 아이는 매일 새로운 단어를 배웁니다. 그 양이 점점 더 방대하게 늘어나지요. 아이의 언어발달이 급진적으로 이루어지는 이 시기에는 말을 더듬는 모습을 보이기도 합니다. 일시적으로 말을 더듬다가 나아지는 경우도 있고, 여러 원인으로 인해 말더듬이 점점 심해져서 치료를 받게 되는 경우도 있습니다.

언어발달 전문가들은 말더듬의 정확한 원인을 한 가지로 정의할 수 없지만, 유전력*, 언어 폭발기의 비유창성, 정서(예: 불안, 스트레스, 충격적인 사건), 환경의 변화(예: 이사, 동생의 출산, 부모의 이혼이나 별거 등), 그리고 아이가 가진 언어 능력보다 요구되는 언어 능력이 더 높은 경우를 말더듬의 요인으로 보고 있습니다.

특히, 2~5세의 아이는 말을 배우면서 다양한 말을 표현하는 과정 중에 말을 더듬는 모습을 보일 수 있어요. 단어가 즉각적으로

* 유전력(가계력): 말더듬 원인을 연구한 결과, 말을 더듬었던 가족이 있을 경우 아이가 말을 더듬을 가능성이 더 높다고 합니다.

떠오르지 않거나 긴장할 때, 아이의 언어 수준보다 높은 언어 자극이 주어질 때 말을 더듬을 가능성이 높습니다. 이 시기에는 말더듬의 정확한 원인을 찾으려고 하기보다 다양한 가능성을 열어두고 말 분위기를 바꾸는 시도가 중요합니다.

말더듬의 정도를 살펴보자면 아이가 음소*가 아닌 단어를 2~3번 반복하거나, 긴장한 모습이 보이지 않는다면 정상적 비유창에 해당됩니다. '음… 어… 저기…'와 같은 간투사도 1~2회로 아이가 특별한 긴장을 드러내지 않는다면 말을 익히는 과정으로 간주할 수 있지요.

아이가 단어 안에서 '사사사과' 또는 'ㅅㅅㅅ사과'라고 말하거나, 말을 할 때 많은 긴장감과 몸의 움직임을 보인다면 전문 기관에서 상담하시길 권합니다. 대화 중 단어의 반복이 더 많아지거나, 말을 할 때 아이 스스로 불편함을 느끼는 경우에도 전문가의 관찰과 그에 따른 소견을 들어보세요. 아이의 긴장감을 낮추고 유연하게 대화하는 방법과 함께 아이의 말에 엄마가 어떻게 반응해야 하는지에 대한 조언을 구할 수 있습니다.

가정에서는 아이가 듣기에 쉬운 단어를 사용해 주세요. 아이의 긴장감을 낮춰줄 수 있어요. "아이에게 새로운 단어를 들려주어야 언어발달에 도움이 되지 않을까요?" 이러한 질문을 받기도 합니다. 아이가 이해가능한 범위 안에서 새로운 말을 들려주세요. 문장 안에 쉬운 단어가 4~5개라면 1~2개의 새로운 단어를 더해주는 거지요.

* 음소: 자음 또는 모음과 같이 더 이상 작게 나눌 수 없는 음운론상의 최소 단위를 말합니다.

여기에서 '이해하기 쉬운 말'은 현재 아이의 언어발달 수준보다 '낮은' 단어로 한정 짓는 것이 아니에요. 아이는 가정뿐 아니라 외부에서도 새로운 낱말에 노출됩니다. 가정에서는 새로운 단어를 들려주는 것을 지향하되, 고급어휘만으로 이루어진 문장은 지양해야 합니다. 아이에게 양질의 언어 자극이 되지 않을뿐더러 부담감이 커질 수 있어요.

가정 안에서 '천천히 말하는 분위기'를 만들어 주세요. 천천히 말하기는 말의 속도를 부자연스럽게 늦추거나 로봇처럼 끊어 말하기가 아니랍니다. 말을 부드럽게 시작하고, 1~2초의 틈을 두고 말하는 거지요. 엄마의 말 속도가 평소에 빠른 편이라면 이 과정이 처음에는 답답하게 느껴질 수 있어요. 속도를 갑작스럽게 늦추기보다 말을 부드럽게 시작해 보세요.

아이의 말을 끝까지 듣는 시간도 천천히 말해주기만큼 중요합니다. 아이가 단어를 떠올리지 못하거나 단어를 반복하는 모습을 보이면 부모로서 놀라거나 답답한 마음이 들지요. 초반에는 수용하는 마음이 들다가도 분주한 상황에서는 아이의 말을 가로채기도 합니다. 아이 말을 엄마가 대신 채워주는 경우도 있고요.

아이가 말을 마칠 끝낼 때까지 기다려 주세요. 아이가 도움을 요청하기 전까지 아이의 말을 대신 해주기보다 여유 있는 표정으로 경청해 주세요. 가족 구성원 간에도 서로의 말에 끝까지 귀를 기울이는 분위기를 조성해 보세요. 아이가 말을 반복했을 때는 아이의 말을 다시 한 번 천천히 부드럽게 들려주세요.

□ **주방 놀이의 올바른 예**

아이: (수박 모형을 가리키며) "수박, 수박, 수박 싶어!"

엄마: (1~2초 후) "오, 수~박 먹고 싶구나!"

□ **주방 놀이의 올바르지 않은 예**

아이: (포크를 가리키며) "나 포… 포…"

엄마: (재빠르게 말을 가로채며) "포크? 포크 달라고?"

□ **질문의 올바른 예: 부담감을 줄여주는 질문**

- "오늘 어린이집에서 기차놀이 했어, 공놀이했어?"

□ **질문의 올바르지 않은 예: 부담감을 주는 개방형 질문**

- "오늘 어린이집에서 뭐 하고 놀았어?"

평상시 아이와 단둘이 있는 시간을 마련하기에 제한이 있다면, 주말 중에 아이와 엄마 둘만의 시간을 갖는 것도 권해드립니다. 아이가 원하는 놀이를 함께하거나 아이가 좋아하는 공간(예: 놀이터)에서 함께하는 시간을 만들어 보세요. 이 시간은 아이의 주도에 따라 여유를 만끽하도록 해주세요.

아이의 말이 트이고 난 후에도 말을 더듬는 듯한 모습을 보일 때가 있습니다. 이러한 모습은 유아기에도 종종 관찰되지요. 안내해 드린 방법을 통해 긴장도가 낮아지고, 편안함이 높아지는 시간을 만들어 갈 수 있을 거예요.

미디어 노출은 어떻게 통제해야 할까요?

사례 학습 영상은 괜찮을까요?

올해 30개월이 되는 남자아이의 엄마예요. 외동이고, 아이 아빠는 야근도 출장도 잦아요. 아이는 20개월 무렵에 가정 어린이집에 처음 입소했어요. 오후 네 시쯤 하원하면 집에서 주로 단둘이 있어요. 주변에 친한 이웃도 없고요.

처음 미디어 노출은 돌이 조금 지나서 뽀로로나 핑크퐁 영상으로 시작했어요. 제가 언어 자극을 잘 주는 것 같지도 않고 어떤 말을 들려줘야 할지 모르겠더라고요. 아이도 제 말보다 영상에 훨씬 집중하는 것 같고요.

요즘은 등원 전 아침 식사 때 패드를 잠시 보고, 하원 후에는 한 시간 조금 넘게 시청하고 있어요. 차로 이동 중이나 식당에서도 짧게 보여주고요. 저녁 식사 이후에도 30분 정도 보는 것 같네요. 미디어 노출이 좋지 않다는 기사를 본 후로 학습 영상 위주로 보여주고 있습니다. 한글이나 영어 노래를 보여주는데, 아이가 잘 집중하는 것 같아요.

영상을 보여주지 않을 때는 짜증이 많이 늘었어요. 원하는 요구를 즉각적으로 들어주지 않으면 떼를 부리기도 하고요. 영상에서 보았던 노래를 일상에서 따라 부르는 모습을 보일 때도 있는데 여전히 저와의 상호작용은 길지 않아요. 짧은 문장으로만 소통합니다. 혼잣말을 더 많이 한다고 느껴질 때도 있고요.

아이와 대화하는 데 미디어가 방해가 된 걸까요? 줄여야 한다고는 알고 있지만 실천하기가 쉽지 않네요. 아이가 저랑 노는 시간보다 영상을 훨씬 좋아하는데, 저와의 대화를 재미있게 느끼게 하는 방법이 있을까요? 이제는 미디어 시청 시간도 줄이고 싶습니다.

최근 들어 다양한 언어 자극과 외국어 노출 목적의 미디어 시청에 대한 이야기를 자주 듣습니다. 앞에서 살펴보았듯이 디지털 시대에 미디어 노출 시기가 빨라지는 것은 피할 수 없는 현상이기도 하지요. 미디어 노출의 시기에 대한 기준은 전문가마다 약간의 차이가 있지만, 관련 연구를 살펴보면 24개월 이전에는 노출을 지양할 것을 권합니다.

아이와 단둘이 있는 시간이 무료하게 느껴지기 때문에 영상 노출을 시작하는 사례도 점점 늘어나고 있습니다. 영상 속 등장인물은 아이에게 다양한 언어를 들려주고 노래로 흥을 유도합니다. 때로는 아이가 영상 시청을 할 때 엄마가 말을 걸면 엄마의 말을 듣지 못할 만큼 집중하는 모습도 보이고요.

먼저, 아이가 24개월 이전부터 미디어 노출을 시작했더라도 엄마가 죄책감을 느끼지 않아야 합니다. 자책하는 시간은 오히려 앞으로 지혜롭게 미디어를 다루기 위한 계획을 세우는 데 방해가 될 수 있어요. 아이의 뇌와 오감은 지금도 발달하고 있고, 바로 지금부터가 엄마 말을 들려주기에 가장 빠른 적기가 될 수 있습니다.

미디어 시청을 갑작스럽게 차단하면 아이는 당황하거나 짜증을 낼 수 있습니다. 차단보다는 시청 시간을 조금씩 줄여주세요. 아이가 숫자를 읽을 수 있다면 "긴 바늘이 6에 갈 때까지 볼 수 있어." 이렇게 시청 전에 아이가 언제까지 미디어를 볼 수 있을지 예측할 수 있도록 안내해 주세요. 숫자를 읽기 어렵다면, 타이머를 활용하거나 작은 스티커를 시계의 숫자 옆에 붙인 후 "여기 빨간색 동그라미(스티커)에 긴 바늘이 올 때까지 볼 거야"라고 말해주세요.

또한 엄마가 번거롭더라도 미디어는 아이와 함께 보는 것을 권합니다. 영상 속 등장인물이 율동을 하면 함께 따라 하고, 아이가 영상을 보고 웃으면 함께 웃어주세요. 영상을 보고 난 후, "뽀로로가 간식을 맛있게 먹었지? ○○(아이 이름)는 뭐 먹고 싶어?"와 같이 영상 속 내용을 기억하는 대화를 나누어 보세요.

외부에서 부모교육을 진행할 때 영어 영상에 대한 고민은 거의 빠지지 않는 주제입니다. 주제가 미디어에서 영어로 이어지면 노출 적기부터 영상의 종류, 영어 그림책 읽기까지 많은 이야기가 오고 가지요. 저도 아이의 영어 노출 시기에 대한 고민으로 전문가의 책, 영상, 강의를 들으며 답을 찾아가려 헤매는 시간이 있었습니다.

영어 영상 노출에 대한 적기도 마찬가지로 전문가마다 의견이 달랐고, 자녀에게 노출한 시간이나 내용에도 차이가 있었습니다. 그 가운데 찾아낸 공통점은 아이와의 상호작용이었어요. 단순히 보여주기에 머무르지 않고 영상에서 나왔던 표현과 노래를 일상에서 들려주면서 상호작용의 질을 채워주는 노력을 권했습니다. 영어 노출 이전에 모국어의 중요성을 더욱 강조했고요.

영상 이외에 아이가 좋아하는 놀이도 찾아보세요. 실내에서 찾기 제한적이라면 날씨가 좋을 때 바깥 놀이나 가벼운 산책을 함께해 보세요. **아이가 선호했던 미디어 시청 시간의 자리를 책이나 학습 교구로 채우기보다 아이가 선호하는 또 다른 놀이로 대체해 주세요. 엄마는 내가 좋아하는 놀이를 제한하지 않고 함께해 주는 존재라는 경험이 쌓여야 합니다.**

아이와 미디어 시청 시간을 정했다면, 시청 시간 외에는 TV나 그 외 영상은 꺼두세요. 특히 화면이 나오는 영상은 아이의 놀이나 엄마와의 대화를 방해할 가능성이 높습니다. 가정에서 지속적으로 미디어를 틀어둔다면, 엄마도 아이에게 말을 걸어줄 필요성을 덜 느끼게 됩니다.

우리는 '도파민 중독'의 시대를 살아가고 있습니다. 아이뿐 아니라 어른에게도 해당되는 이야기지요. 미디어 시청에 대한 의견과 경험도 다양하고요. '어떻게 하면 아이와의 상호작용의 질을 높일 수 있을까?' 이 질문에 초점을 맞추면 보다 지혜롭게 미디어 시청을 할 수 있을 거예요.

현재 아이의 주양육자가 할머니입니다

사례 친정 엄마가 아이에게 뽀로로를 보여줘요

26개월 된 딸아이의 엄마입니다. 아이가 16개월이 되면서 복직했고, 아이는 돌이 지나자마자 어린이집에 입소했어요. 3개월 정도 함께 적응 기간을 가졌습니다. 그 후 등원은 저와 아이 아빠가 번갈아 하고, 하원은 친정 엄마의 도움을 받고 있어요. 정시에 퇴근하고 집에 오면 저녁 일곱 시, 친정 엄마가 가시면 남아 있는 집안일을 하면서 아이와는 제대로 놀아주지 못하고 있어요.

친정 엄마는 하원 후 아이에게 스마트폰으로 뽀로로 영상을 보여주시곤 하는데, 보여주지 말라는 말을 못 드리겠더라고요. 저조차도 주말에 아이와 주로 나가서 시간을 보내고 집 안에서 많은 말을 들려주지 못하고 있는 것 같아요. 신랑도 말수가 적은 편이라 아이와 놀아주는 방법을 잘 모르는 것처럼 보여요.

아이가 24개월 때 영유아 검진 결과, 소아과 선생님께서 아이의 언어발달이 또래보다 많이 늦지는 않지만 가정에서 촉진이 필요할 것 같다고 하셨어요. 그 뒤로 마음이 더 복잡해졌습니다. 아이는 현재 주로 한 단어나 몸짓으로 소통하고, 이해는 잘하는 편이에요. 촉진 시기를 놓칠까 봐 걱정됩니다.

퇴사를 고민하기도 했지만 일을 포기하기엔 너무 아깝게 느껴져요. 퇴근 후, 아이와 짧게 놀아줘도 아이 언어발달에 도움이 될 수 있을까요? 친정 엄마께도 드릴 수 있는 팁이 있을까요? 온 가족이 함께 힘을 모아서 아이의 언어발달을 돕고 싶어요.

황혼 육아는 방송에서도 이슈화가 될 만큼 주변에서 어렵지 않게 볼 수 있습니다. 어린이집 하원 시간에 할머니(또는 할아버지)의 손을 잡고 나오는 아이의 모습은 이제 낯설지 않게 느껴지지요. 시대에 변화에 따라 양육 방식과 가치관이 달라졌기에 겪게 되는 갈등은 커질 수밖에 없다는 생각도 듭니다.

퇴근 후 허기진 배를 급히 채우면 밀린 집안일이 눈에 들어오지요. 조부모님(또는 돌봄 서비스)의 도움을 받더라도 직접 마무리 지어야 할 일이 엄마를 기다리고 있습니다. 아이는 아이대로 기다렸던 엄마와 함께 놀고 싶은 마음을 표현하고요.

분주한 일상이지만, 하루 중 10~15분 정도 아이와 함께하는 시간을 만들어 보세요. '딱, 10분만' 온전히 아이에게 집중하는 시

간을 갖는 거예요. 이때는 집안일도 업무도 생각하지 않고 스마트폰도 보지 않는 것이 좋습니다.

아이가 꺼낸 장난감에 함께 집중하며 아이의 행동을 읽어주세요(예: 공룡 인형에게 우유를 먹이는 아이를 보며 "공룡이다! 공룡이 배고프구나" 말해주기). 이 시간만큼은 장난감을 치워야 한다는 생각보다 아이의 몸짓과 말에 눈과 귀를 열어야 합니다. 이 시간이 쌓이면, 아이가 엄마에게 보내는 의사소통 신호를 점점 민감하게 읽을 수 있을 거예요. 아이에게 가지고 있었던 미안한 마음도 덜어낼 수 있답니다.

상담이나 부모교육 중에 아빠의 고민을 들을 때도 있어요. 아이와 놀아주고 싶은 마음은 크지만 주로 몸으로 놀아주게 된다는 이야기부터, 아이가 아빠와의 놀이보다 엄마와의 놀이를 더 원한다는 고민도 마주합니다. 안전하게 논다는 전제로 아빠와의 몸 놀이는 아이의 전반적인 발달을 촉진하는 데 도움이 됩니다. 정서적인 안정감을 주는 것은 물론이고요.

그림책을 읽는 시간도 아빠와의 상호작용을 도울 수 있어요. 아빠가 들려주는 중저음 목소리는 아이의 주의를 이끌고 재미를 더합니다. 한 연구에 의하면 아빠가 책을 읽어줄 경우, 어휘력, 지능, 인지, 정서발달이 성장했다는 결과가 나왔다고 해요. 평일에 책 읽어주는 시간을 마련하기 어렵다면 주말이나 평일 중 하루(예: 수요일은 아빠가 책 읽어주는 날)를 정해보는 것은 어떨까요?

조부모님께서 아이를 돌봐주시는 동안의 미디어 시청 여부는 대화를 통한 조율이 필요합니다. 하원 후 30분 내외로 시간을 함께 정하거나, 아이가 좋아하는 장난감을 거실에 놓아두는 거지요. 이 부분은 각 가정마다 가치관과 양육 방식이 다르기에 어렵더라도 조부모님과의 소통이 필요하다고 생각됩니다.

퇴근한 후에 아이를 마주했을 때는 아이를 포근하게 안아주세요. 엄마도 너무나 보고 싶었다고, 아이를 사랑해서 한달음에 달려왔다는 이야기도 함께 전하세요. 아이에게 '엄마는 언제나 이 시간 무렵 집에 와서 나를 안아줘'라는 경험과 생각이 쌓이면 아이도 더욱 안정된 상태에서 엄마를 기다릴 수 있답니다.

3

말의 양보다 질을 높이는 말자극 환경

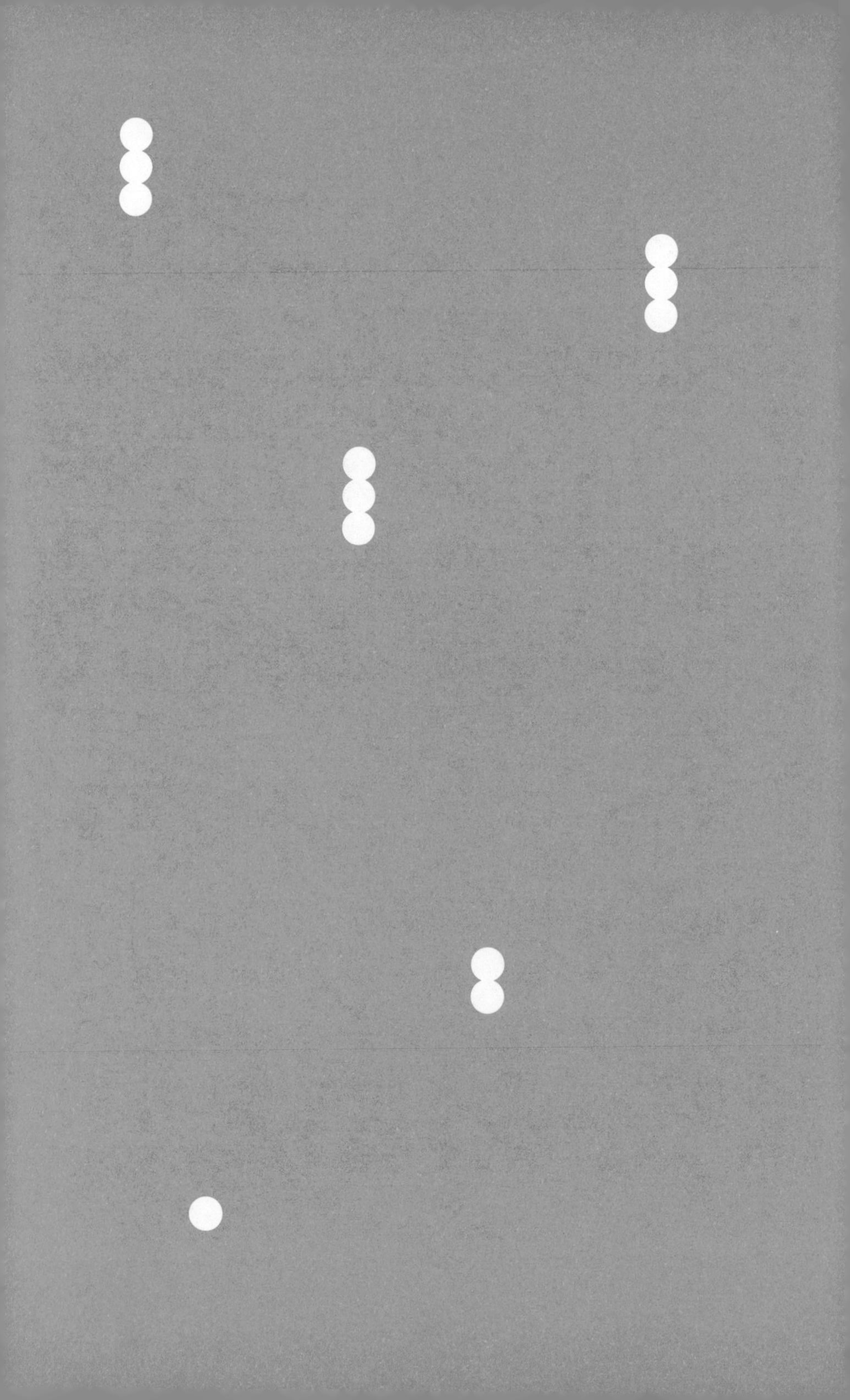

말의 양보다 질이 중요합니다

본질에 집중하면 후회할 필요가 없어져요

아이와 보다 쉽고 재미있게 대화하기 위한 준비 과정에 들어가겠습니다. 별도의 준비물은 필요하지 않습니다. 오히려 아이에게 언어 자극을 주는 것에 대한 부담감을 덜어내고, 언어발달 과정을 편안한 마음으로 훑어보면서 아이와 대화하기 위한 환경을 만들어 봅니다.

저는 아이를 출산한 후, 수많은 육아 정보를 접하면서 마치 매일의 '투 두 리스트'를 마주하는 느낌이었습니다. 특히, 언어발달 정보를 마주할 때는 더욱 부담감이 느껴졌지요. 아이의 언어발달은 충분한 듣기 경험과 아이가 흥미를 느끼는 상황에서 촉진될 수 있다는 본질을 저조차도 잊어버린 적이 많았습니다.

언젠가 아이의 영어 교육에 대한 키워드로 검색을 시작한 적이 있어요. 보다 정확한 정보를 알고 싶었기 때문이었지요. 알고리즘의 힘으로 예상보다도 훨씬 더 많은 정보를 얻을 수 있었지만 뒤이어 마주한 것은 비교하는 마음과 조급함이었습니다. '나는 왜 진작에 이렇게 해주지 못했을까?' 이 생각이 머릿속에서 한참을 자리 잡고 있었지요.

엄마의 관심을 알고리즘에 의한 정보에 한정하면, 해내야 할 것만 같은 과제가 끝도 없이 늘어납니다. 특별히 주의를 기울이지 않더라도 언어발달 촉진에 도움이 되는 장난감, 그림책, 관련 이론을 무작위로 접하게 되지요. 물론, 이러한 정보들이 유용할 때도 있지만 중요한 것은 언어발달의 본질입니다.

'수다쟁이 부모'라는 말을 들어본 적이 있나요? 언어치료 현장에서뿐 아니라 아이를 양육하는 부모라면 누구나 한 번쯤은 접하게 되는 말입니다. 이 말은 많은 양육자에게 '부모가 아이에게 말을 많이 해줄수록(또는 해주어야), 아이가 말을 더 잘한다(또는 잘할 수 있다)'라고 해석되곤 합니다. 아이에게 말을 많이 하는 엄마의 모습을 떠올려 보면, 곁에서 초롱초롱한 눈으로 엄마의 말을 잘 듣고 있는 아이의 모습도 함께 그려집니다. 그러나 아이가 엄마의 말을 듣지 않는다면 어떨까요? 엄마는 아이에게 끊임없이 말을 걸지만, 상호작용이 아닌 일방적으로 말하는 시간이 되겠지요.

《부모의 말, 아이의 뇌》의 저자인 소아외과 의사 데이나 서스킨드(Dana Suskind) 교수는 부모의 말이 아이의 뇌와 언어발달에 주는 영향에 관한 연구를 오랜 시간 진행했어요. 연구에 의하면, 부모가 아이에게 말을 많이 할수록 아이의 어휘력이 성장하고 탄탄한 문해력으로도 이어진다고 합니다.

그런데 저자는 말을 '많이' 하는 것만을 강조하지 않습니다. 말의 양보다 양육자와 아이와의 관계, 따스한 상호작용, 그리고 말의 질이 중요하다고 이야기하지요. 데이나 서스킨드 교수 외에도 많은 언어발달 연구자들은 양육자와 자녀와의 깊은 상호작용을 강조합니다.

이러한 이야기를 접하면, 아이에게 말을 많이 해줘야 한다는 부담이 덜어지기도 하지만, 이와 동시에 '어떻게' 들려줄 것인지에 대한 막막함을 마주하기도 합니다. 이를 위해서는 많은 언어발달 지식과 도구를 갖추고 있어야 할 것 같은 생각이 들기 때문입니다.

단순히 아이가 말을 잘하게 하기 위해 많은 말을 들려주려고 하면, 말자극 과정에서 쉽게 지칠 수 있습니다. 육아는 늘 많은 변수를 가지고 있기에 예측하지 못한 상황에서 쉽게 좌절할 수도 있습니다. **아이와의 대화는 평생의 과제입니다. 긴 여정인 만큼, 꾸준히 실행할 수 있는 마음 상태를 만드는 것이 중요합니다.**

먼저, 부담감을 덜어내세요

아이에게 말자극을 주기 전 해야 할 첫 번째 작업은 양육자로서 갖는 부담감을 덜어내는 것입니다. 여기에서 말하는 '부담감을 덜어내는' 과정은 아이의 언어발달에 관심을 끄는 일이 아니에요. '내가 말이 많지 않아서 우리 아이도 말수가 적은 건 아닐까?', '매일 많은 언어 자극을 줘야 해', '조금 더 새롭고 멋진 말을 들려줘야 해'와 같은 부담과 자책하는 마음을 덜어내는 것을 의미합니다.

부모라면 누구나 '더 해주지 못한 것'에 대한 미안한 마음을 가지고 있어요. '더 좋은 장난감을 주지 못한 것', '많은 그림책을 읽어주지 못한 것', '좋은 사교육을 시켜주지 못한 것'과 같이 부족했던 점을 늘 생각하지요. 저 또한 그랬습니다.

언어발달은 0세부터 특정 연령대까지의 과제가 아닌, 초등학교 입학 이후에도 꾸준히 이루어 가야 하는 과업입니다. 온라인 공간에 올라온 정보만으로 이 긴 여정의 성공 여부를 판단할 수 없습니다. 더욱이 최근에는 온라인 공간에서 가독성을 높이기 위해 짧은 분량의 콘텐츠가 노출되고 있지요.

정보를 취하고자 하는 마음도 필요하지만, 무언가를 해야만 한다는 부담감을 줄이고, 내 아이에게만 초점을 맞추어 보세요(궁금한 부분이 있다면, 인플루언서 '맘들'의 의견보다는 가급적 전문가의 의견에 귀를 기울입니다).

아이는 신기하게도 엄마가 편안한 마음으로 말을 건넬 때와 부담감을 가질 때의 대화를 구별할 수 있습니다. 무언가를 해야만 한다는 엄마의 부담감이 커질수록, 아이의 반응을 기대하는 마음도 함께 커지기 때문이지요. '내가 이 정도로 자극도 주고 교구도 사주었는데, 그림책 전집도 구매했는데, 빨리 말을 잘했으면 좋겠다'와 같은 기대는 아이의 지식을 확인하는 질문으로 이어지거나 모방을 강요하는 모습으로 이어지게 됩니다. 아이는 그저 편안하고 즐거운 마음으로 엄마와 대화하고 싶을 거예요.

오랜 언어발달의 여정 동안 아이와 함께 발맞추어 걸어가는 지지자가 되어주세요. 언어발달은 부모와의 깊은 상호작용 속에서, 편안하고 즐거운 상황 속에서만 성장곡선을 그려갈 수 있어요.

말이 없는 엄마를 위한 네 가지 말자극 자세

적은 표현으로 최대의 효과를 내자

팬데믹으로 많은 양육자가 힘들어하던 때, 온라인으로 부모 교육을 진행한 적이 있습니다. 강의가 끝나고 난 후, 아이의 언어 자극에 대한 질문이 이어졌어요. "아이가 집중하고 있지 않을 때도 무조건 말을 많이 해주면 될까요? 저희 아이는 제가 말을 걸면 처음에는 반응을 보이다가 다른 곳으로 가더라고요."

이 고민을 들으며 가정 보육에 지친 엄마의 마음이 느껴졌어요. 부모 교육 현장에서뿐 아니라 특히, 36개월 미만의 아이를 양육하고 있다면 누구나 궁금증을 갖는 부분이기도 하지요. 만일, 언어 자극의 양보다 질이 더 중요하다면 질이 좋은 언어 자극이란 무엇인지에 대한 궁금증으로 이어질 거예요.

식상한 답으로 여겨질 수도 있지만, 언어발달에 있어서 말의 양과 질은 모두 중요합니다. 말을 하는 데 있어서 충분한 양의 자극(input)이 없다면, 말을 산출하는 데 필요한 자원(예: 어휘)을 충분히 갖추지 못할 가능성이 커집니다. 이 자원은 평소 엄마의 언어 자극을 통해 쌓을 수 있어요.

질이 좋은 말은 상호작용과도 연결됩니다. 아이가 엄마의 말에 주의를 기울이지 않고 있거나, 아이의 언어발달 수준에 맞지 않는 말을 일방적으로 전한다면 어떨까요? 아이에게는 적절한 자극이 되지 않을 거예요. 상호작용의 질이 높아지려면, 서로에게 집중해서 의사소통을 해야 합니다.

어떻게 하면 아이에게 적절한 양의 질 좋은 말을 들려줄 수 있을까요? 엄마는 생후 한 달이 된 아기에게도 아기의 이해 여부와 관계없이 엄마의 말을 전합니다. "울었구나~ 배고파서 울었지?", "엄마가 빨리 못 와줘서 미안해, 많이 기다렸지?", "우리 아기 응~가 했어요~ 시원하겠다!" 이러한 시간이 모여, 아이는 엄마의 말소리에 익숙해지기 시작하지요.

언어발달 연구자들은 아기가 태어난 지 10개월 무렵부터는 모국어에 더욱 반응한다고 이야기합니다. 따로 가르치지 않아도 엄마의 말을 들으며 자연스럽게 모국어를 이해하기 시작하면서 말하는 사람의 입 모양에 집중하게 됩니다. 말을 들려주는 자연스러운 상황 속에서 억양, 말을 통해 전해지는 감정, 말을 주고받는 규칙까지도 배울 수 있지요.

위와 같은 연구 결과에 따르면, 아이에게 들려주는 말의 양 자체가 중요하다는 사실을 간과할 수 없습니다. 부모의 언어 자극이 풍부할수록, 이후 언어발달뿐 아니라 어휘력과 문해력이 향상될 가능성이 크다고 합니다. 일상에서의 언어 자극이 많을수록 아이는 그만큼 다양한 어휘 자극을 받습니다. 부모의 경제력이나 사회적인 지위가 높을수록 아이에게 더 많은 말을 들려준다는 연구 결과도 있습니다.

그러나 실망할 필요가 없습니다. 최근에는 언어 자극의 양뿐 아니라 언어 자극의 질에 대한 연구가 활발하게 진행되고 있으며, 앞서 언급한 대로 부모가 아이에게 일방적으로 말을 들려주는 틀 안에서는 '아이'의 역할과 의지가 배제될 가능성이 큽니다. 환경의 다양성과 아이마다의 잠재력을 고려한다면 말의 양이 아이 언어발달에 미치는 영향에 대한 연구는 더 면밀히 진행되어야 할 것으로 보입니다. 환경의 제약을 받지 않는 엄마의 잠재 능력도 무엇보다 고려되어야 하고요.

말을 잘하는 능력은 말을 많이 할 수 있는 능력에 국한되지 않습니다. 어른들끼리의 대화에서도 자기 경험이나 지식을 일방적으로 전달하는 방식의 소통은 원만한 대화로 보지 않습니다. 어쩌면 상대방은 대화가 아닌 강의를 듣는 듯한 느낌을 받을 거예요. 상대방이 똑똑하다는 사실은 인정할 수 있겠지만, 더는 함께 대화하고 싶은 마음이 들지 않겠지요.

언어발달 전문가로서 드리고 싶은 제안은 균형을 찾자는 것입니다. “차라리 말을 많이 들려주는 게 더 쉬울 것 같아요. 애랑 같이 있으면 안 그래도 정신이 없어서 많은 것을 생각할 겨를이 없는데요.” 이렇게 반문하는 분들이 계실 거예요. 지금부터 바로 이 고민에 대한 해답을 드리려 합니다. ‘말의 양과 질’ 모두를 잡을 수 있는 방법을 안내해 드릴게요. 처음부터 능숙할 수는 없습니다. 먼저, 내 아이의 상황과 말에 초점을 맞춰보세요. 대화가 반복될수록 말자극 기술에 능숙해질 수 있을 거예요.

① 아이가 들을 준비가 되었을 때 들려주세요

우리는 앞서, 아이가 언제 어디에서 어떤 놀이를 할 때 즐겁게 말놀이를 할 수 있을지 관찰하는 과정을 거쳤습니다. 아이가 엄마의 말에 집중할 수 있는 컨디션인지, 주변 상황이 정돈되었는지(예: 아이가 좋아하는 장난감이 주변에 놓여 있는 경우), 아이가 엄마의 말에 귀를 기울이고 있는지 살펴보세요. 아이의 컨디션이 좋지 않거나(예: 배가 고프거나 피곤한 상황) 다른 장난감에 몰두한 상태라면 엄마의 말자극에 주의를 기울이기 어렵습니다.

아이가 주의집중을 할 수 있어야 엄마의 말에 더 많이 반응하고, 말과 동작을 적극적으로 따라 할 수 있어요. 아이의 반응은 언어 자극을 주는 엄마에게도 촉매제가 될 수 있습니다. 강의할 때 청중의 반응이 좋을수록 더 유쾌하게 적극적으로 말할 수 있는 것과 비슷하지요.

아이의 컨디션이 좋지 않거나 아이가 말을 듣지 않아서 엄마가 감정적으로 힘에 부치면 말자극의 효과가 나기 어렵습니다. 일과 중에는 일상의 대화를 자연스럽게 나누면서, 아이가 엄마의 말을 거부감 없이 들을 수 있도록 하는 것이 좋습니다.

② 아이가 흥미를 보이는 주제로 대화하세요

아이마다 재미를 느끼는 놀이나 장난감이 모두 다릅니다. 언어치료 시간에 만나는 같은 연령과 성별의 아이들과도 각각 다른 장난감을 사용하여 놀이를 진행합니다. '이 연령대의 남자아이들은 공룡을 좋아할 거야.' 이렇게 예측하고 아이를 처음 마주했을 때, 전혀 예상하지 못했던 장난감에 흥미를 보이기도 합니다.

치료실에서는 일주일에 1~2회 정도 아이와 만나기 때문에, 아이가 흥미를 보이는 것의 변화 과정을 섬세하게 관찰하지 못할 때도 있습니다. 상어를 좋아하는 아이를 위해 '바다 놀이'를 준비했는데, 일주일 사이에 주차장 놀이로 관심사가 전환되기도 하지요. 이러한 상황을 생각하면, 가정은 오히려 치료실보다도 아이의 관심사를 면밀하게 살펴볼 수 있는 장점을 지닌 공간입니다.

아이와 대화할 때도 크게 다르지 않습니다. 아이가 관심을 보이는 소재로 대화를 나눌수록 엄마의 말에 오래 주의를 기울일 수 있어요. 주변에 특정 사물이나 매개물이 없는 상황에서 아이와 말을 주고받는다면(예: 아이와의 등하원길), 아이가 흥미를 보이는 소재로 대화를 시작합니다. 예를 들어, 공룡을 좋아하는 아이에게 '단풍잎'이라는 단어를 들려주고 싶다면, "(단풍잎을 보여주며) 단풍잎이다~ 공룡 발자국 같네!"와 같이 주의를 끄시는 거예요. 아이가 엄마의 말에 주의를 기울인다면, "이건 빨간색 단풍잎이야~ 공룡 발자국 같아. 어떤 공룡일까?" 이렇게 대화를 유도해 주세요.

아이가 즐거운 감정을 느꼈던 몰입 상황에서 접했던 단어와 문장은 더욱 오랫동안 아이의 머릿속에 저장됩니다. '아이에게 어떤 말을 들려줄까?' 이 고민에 앞서 '우리 아이는 무엇을 가장 좋아할까? 요즘 무엇에 관심이 있지?'와 같이 생각의 방향을 바꿔보세요. 아이와 엄마 모두에게 가볍고 즐거운 대화 시간이 만들어질 거예요.

③ 엄마의 입 모양과 동작도 함께 보여주세요

팬데믹 이전에는 치료사의 입 모양을 보여주면서 모방을 유도하는 것이 일상적이었습니다. 아이에게 올바른 혀의 위치를 알려주기 위해 스틱(설압자)을 사용하기도 했지요. 최근에도 아동에게 입 모양을 보여주거나 보조도구를 사용하고 있지만, 이전보다는 조심스러운 마음을 갖게 됩니다. 잦아진 감기를 예방하기 위해, 다시 마스크를 착용하는 모습도 쉽게 볼 수 있어요.

이에 비해 가정은 마스크 착용 없이 서로의 입 모양을 관찰하기에 최적의 장소입니다. 의도적으로 관찰하려고 하지 않더라도 자연스럽게 말을 할 때 서로의 입 모양을 볼 수 있지요. 아이도 가정 안에서만큼은 들었던 말을 따라 해야만 한다는 부담 없이 엄마의 말을 들을 수 있습니다.

가정에서 아이에게 엄마의 입 모양을 보여줄 때는 어떻게 해야

할까요? 아이에게 자연스럽게 노출해 주세요. 모방을 강조하지 않아야 합니다(예: "엄마 보고 따라서 말해 봐~ 사-과! '따과'가 아니고, '사-과'"). 아이에게는 말에 대한 부담감으로 받아들여지기 때문이지요. 말하는 즐거움을 느끼기도 전에 학습에 대한 부담감만 커질 가능성이 있습니다.

아이는 이해한 단어를 정확한 발음으로 말하기 위해 여러 번의 시행착오를 거칩니다. 말을 산출하는 과정에도 '한 단어 → 단어+단어 → 짧은 문장'과 같은 단계가 있듯이, 발음 능력도 연령에 따라 성장합니다. 아이의 구강 구조(예: 입, 치아, 혀, 입천장)가 발달하면서 더 유연하고 조화롭게 움직일 수 있지요. 이를 협응 능력이라고 합니다.

아이가 새로운 말을 할 때, 곁에서 대신 말해주기보다는 아이 스스로 발음해 보는 경험을 만들어 주세요. 처음에는 부정확하게 발음할 수 있지만, 여러 번의 시도를 거쳐 발음이 점점 정확해질 수 있어요. 정확한 발음을 자주 듣는 경험은 아이의 발음 발달에 있어서 양질의 자원이 됩니다. 일상에서 입 모양과 함께 말을 할 때의 표정, 몸짓도 함께 볼 수 있다면 아이가 보다 쉽게 이해할 수 있겠지요.

아이에게 말을 할 때 동작(제스처)을 함께 사용하는 것은 매우 유용한 도구가 됩니다. 아이가 엄마의 말을 쉽게 이해하고 반응하는 다리 역할을 하지요. 동작을 보여주며 말을 건네면, 아이는 엄마의 말에 주의를 기울이고, 마치 놀이처럼 느낍니다. 말을 배우는 데 있어서 중요한 운율도 함께 익힐 수 있어요.

아이에게 전하는 모든 말에 운율을 담기는 쉽지 않습니다. 율동과 함께 노래를 불러보세요. 〈반짝반짝 작은 별〉, 〈사과 같은 내 얼굴〉, 〈머리, 어깨, 무릎〉과 같은 노래를 부르며 함께하는 율동은 아이가 재미있게 말을 배우는 도구가 됩니다. '컵'을 표현하는 '물을 마시는 동작', '밥'을 표현하는 '밥을 먹는 동작', '크다'를 표현하는 '큰 동그라미를 그리는 동작'을 함께 사용해서 전달할수록 아이는 말의 의미를 더 쉽게 이해하고 오랫동안 기억합니다.

"입 모양이나 동작을 무조건 과장해서 보여주는 것이 좋을까요?" 이러한 궁금증이 생길 수 있어요. 그렇지 않습니다. 입 모양과 동작을 부드럽게 전달하는 것이 좋습니다. 아이가 깜짝 놀라거나 부담감을 느끼지 않도록 이끌어 주세요.

입 모양이나 동작을 보여주었을 때, 아이가 즉각적으로 모방하지 않더라도 기다리는 마음도 필요합니다. 아이는 드러나지 않아도, 차곡차곡 아이 나름의 시도를 하고 있어요. 아이만의 언어 목록을 채워가고 있지요. 가정을 학습 공간이 아닌 아이만의 재미있고 신나는 '말 놀이터'로 만들어 주세요.

④ 아이가 한 말에서 한 단어를 더 보태주세요

'한 단어 보태기'는 언어치료실에서 아이에게 언어 자극을 줄 때 사용하는 방법 중 하나입니다. 아이가 현재 산출(말)하고 있는 단어에 한 단어를 더 붙여서 다시 들려주는 거예요. 여기에서도 아이에게 모방을 강요하지 않고 들려주는 것이 중요합니다.

예를 들어, 아이가 '신발'이라고 말했다면 "신발+신어" 이렇게 아이의 말에 관련된 단어를 붙여서 들려줍니다. 아이가 직접 신발을 신는 상황에서 들려준다면 아이가 단어를 이해하는 데 도움이 될 수 있어요. 마치 블록을 하나씩 연결하듯, 아이의 현재 말에서 한 단어를 연결해서 들려주세요.

아이에게 들려주는 '질 좋은 말'은 고급 어휘만을 의미하지 않습니다. 일상에서 자주 사용되는 단어에서부터 시작되지요. 자주 사용하고 있는 단어 중에서도 '동작어'와 '상태를 나타내는 말'을 함께 들려주세요. '신다, 타다, 먹다, 마시다, 입다'는 동작어, '길다/짧다, 크다/작다, 뜨겁다/차갑다'는 상태를 나타내는 말에 속합니다. 동작어와 상태를 나타내는 말을 사물의 이름(예: 신발, 자동차, 물, 밥, 옷)과 함께 연결하면 하나의 언어 자극이 될 수 있습니다.

한 단어 보태기 연습

아이와 공놀이를 하는 상황이라면 아이의 발달 단계에 맞게 아래와 같이 단어를 연결해 줍니다.

- 공(사물의 이름)
- 공+던져(사물의 이름+동작어)
- 작은+공+던져(상태를 나타내는 말+사물의 이름+동작어)
- 공이+커(사물의 이름+상태를 나타내는 말)

일상에서 아이가 자주 경험하는 상황과 관련된 단어를 모아보세요. 아이에게 말을 들려줄 때, 엄마의 부담감을 덜 수 있습니다. '어떤 말을 들려줘야 할까?' 고민하는 시간을 줄여주지요. 들려주는 말의 길이를 조금씩 늘여가는 재미와 보람도 함께 느낄 수 있어요. 아이의 하루 동안 벌어지는 일의 순서를 생각해 보면 더욱 쉽게 단어목록을 만들 수 있습니다.

단어 목록 만들기 연습

1. 만일 목욕하는 상황에서라면 이런 말이 나올 수 있습니다.

- 옷(티셔츠, 바지)+벗어
- 물+차가워. 따뜻한 물에+들어가
- 머리+감아. 얼굴/손/발/배/엉덩이/등+닦아
- 이도+닦자. 칫솔에+치약+짜
- 수건으로+닦아. 머리도+말리자
- 로션+바르자. 그리고+옷+입자

2. 상황에 등장하는 단어를 정리해 봅니다.

- 사물 이름: 옷(티셔츠, 바지, 내복), 물, 머리/얼굴/손/발/배/엉덩이/등, 이, 칫솔, 치약
- 동작어: 벗다, 닦다, 짜다
- 상태를 나타내는 말: 차갑다/뜨겁다

아이가 짧은 문장으로 말할 수 있다면, 아이가 말한 단어와 연관된 새로운 단어를 들려주세요. 상태를 나타내는 말, 감정 표현이 담긴 말, 의성어와 의태어를 활용할 수 있습니다. 예를 들어, 아이가 "엄마, 비 와요"라고 말했다면, 엄마는 "비가 주룩주룩 내리네", "(젖은 옷을 가리키며) 축축해. 비가 와서 옷이 젖었어"와 같이 말할 수 있어요.

지금까지 말의 양과 질의 균형을 맞추는 방법에 대해 이야기했습니다. 아이는 무언가를 배울 때, 학습적인 목표를 생각하지 않습니다. 그저 재미있으면 몰입하고, 가진 언어 능력을 확장하게 되지요. 아이의 속도에 맞추어 엄마의 말을 들려주고, 아이가 잠시 멈추면 곁에서 아늑한 휴식처가 되어주세요. 아이는 엄마가 들려주는 새로운 말과 함께 엄마가 들려주는 말의 분위기와 온도도 함께 기억합니다. 아이 말의 길이가 눈에 띄게 길어지지 않더라도, 엄마의 다정한 말을 꾸준히 들려주세요. 말을 산출하기 위한 자원도 함께 축적되어 갑니다.

'천천히, 부드럽게, 반복하기'

새해가 시작되면 무엇을 하시나요? 저는 직전 해 연말부터 준비한 새 다이어리에 한 해 이루고픈 목표를 기록합니다. '운동하기, 외국어 배우기, 저축하기…' 기억을 떠올려 보면, 매년 비슷한 목표를 세우면서도 실천하지 못한 적이 많았습니다. 목표를 기억 속에서 점점 잊기도 했고요.

저에게 있어서 아이에게 언어 자극을 주는 일도 새해 목표와 크게 다르지 않습니다. 언어치료실에서는 아이가 성취해야 하는 목표와 아이의 반응을 양육자에게 전달하고 과제를 제시하는 과정을 거칩니다. 과제는 대체로 가정에서 아이와 상호작용 시간을 갖는 것입니다(예: 아이와 하루 10분 이상 상호작용 시간 갖기).

엄마가 된 이후 저는 '매일 일정한 시간'이라는 틀에 갇혀 아이를 키웠습니다. 전날 책을 읽어주지 않은 채로 잠이 들면 숙제를 하지 않은 듯한 찜찜함 때문에 다음 날 눈을 뜨자마자 일방적으로 아이에게 그림책을 읽어주기도 했고요. 당시에는 못다 한 숙제를 끝낸 뿌듯함을 느꼈지만, 그저 자기만족을 위한 일이었다는 것을 뒤늦게야 깨달았어요.

양육자에게 계획을 잘 세우는 일은 안정감을 줍니다. '하루 10~15분 언어 자극 놀이하기'라는 계획을 세운 후에는, 아이에게 해주어야 할 구체적인 목표가 생기지요(예: 장난감 구매, 아이와의 놀이 방법 검색하기, 놀이 장소 마련하기 등). 아이에게 무언가를 해줄 수 있다는 자신감도 갖게 되고요. 올바른 목표 설정과 계획은 가정에서 언어 자극을 줄 때 나침반이 되어줍니다.

그러나 계획을 세우는 것만큼 중요한 것은 혹시 계획을 실천하지 못했더라도 '다시 시작하는 마음가짐'을 갖는 것입니다. 연휴

동안 운동을 하지 못했더라도 자책하는 마음을 내려놓고 다시 헬스장으로 향하는 의지가 필요하지요. 책 육아를 할 때도 동일합니다. 책을 읽어주지 않았던 기간이 길었더라도, 다시 책을 펼치는 것입니다. 어느새 루틴을 찾아갈 수 있어요.

아이는 엄마가 다시 시도하는 일을 두 팔 벌려 반갑게 맞이합니다. 아이에게 중요한 것은 '매일'이라는 목표가 아닌, 엄마와 함께하는 순간 그 자체이기 때문이지요. 오랜만에 장난감과 그림책을 꺼내는 시도를 통해 상호작용의 연결고리를 다시 이어가는 시간이 될 수 있어요.

최근에는 변이 바이러스로 인하여 감기와 함께 컨디션 난조를 겪는 경우가 잦습니다. 아이가 아픈 상황에서는 언어 자극을 주는 것이 쉽지 않지요. 아이가 어릴수록 발달 상황이나 외부 환경으로 인해 예상하지 못했던 일을 겪게 될 때가 많아요. 그럴 때마다 엄마는 아이에게 자극을 주지 못한 미안함과 불안한 마음을 마주합니다.

한동안 아이와 놀이하지 못했더라도 오늘부터 다시 시작해 보세요. 어떻게 하면 보다 빠르게 상호작용의 패턴을 되찾을 수 있을까요? 아이에게 말을 건넬 때, 천천히, 부드럽게, 반복해서 들려주세요. '천천히, 부드럽게, 반복해서' 아이에게 말하기의 예는 다음과 같습니다.

천천히, 부드럽게, 반복하기

아이와 클레이 놀이를 하는 상황에서라면 다음과 같이 대화할 수 있습니다.

엄마: "여기 봐(천천히 부드럽게 주의끌기), 노란색이네~ 엄마는 길~게 만들어야지."

아이: "나도 나도!"

엄마: "길~게(반복하기), 지렁이가 되었어!"

아이: "나도 길게(모방), 이건 뱀이야."

엄마: "우와, 정말 뱀 같네~ 노란색 뱀이다~!" → 아이 말 모방해 주기

아이: "응, 이건 뱀이야. (파란색 클레이가 담긴 통을 가리키며) 이건 뭐야?"

엄마: "이건 파란색이야. 통~ 열어줄까? 열어?" → 반복

아이: "응, 열어!" → 엄마 말 모방하기

엄마: "좋아, 열자! → 반복하기 무엇을 만들까? 엄마는 이번에는 공 만들어야지!"

아이: "나도 나도, 공 만들 거야."

엄마: "공은 동그란 모양이지? (클레이를 굴리며) 동글동글~ 굴러가네! 굴러가." → 반복

아이: "(엄마의 행동을 따라 하며) 동글동굴 ~굴러가!"

아이와 오랜만에 마주 앉았을 때, 오히려 아이의 언어가 성장한 모습을 발견하게 되는 경우도 있습니다. 아이가 일상에서 들었던 새로운 말을 처음으로 말하거나 말의 길이가 이전보다 길어졌다고 느껴지는 거지요. 이와 다르게 언어발달에 진전이 없는 듯한 느낌이 들더라도 낙담하지 마세요. 아이가 엄마의 말을 듣는 것을 즐기고 있다면, 아이의 언어 터전에서 좋은 거름을 흡수하고 있는 중이랍니다!

0세에서 5세까지 언어는 어떻게 발달할까요?

수용언어와 표현언어로 살피는 연령별 언어발달 과정

언어발달 과정에 대한 정보는 다양한 경로를 통하여 어렵지 않게 접할 수 있습니다. 이 책에서 차별성을 두고자 한 것이 있다면, 언어발달을 보다 자연스러운 흐름으로 안내하는 것입니다. 저 역시 '특정 개월 수에는 반드시 이러한 언어 능력을 보여야만 해' 생각하며 마치 암기하듯 공부하던 때가 있었습니다. 그러나 아이 성장 시기마다 언어발달 모습을 파악하는 것도 필요하지만, 전반적인 언어발달 과정을 함께 살펴보면서 앞으로 우리 아이의 언어발달 로드맵을 그려가는 과정이 더욱 중요합니다. 언어발달 로드맵에 따라 앞으로 어떻게 언어발달을 촉진해야 할지, 어떤 말을 들려줘야 할지, 무엇보다 어떻게 상호작용을 이끄는 것이 좋을지 고민하는 것이 필요합니다.

이번 장에서는 연령별 수용언어와 표현언어를 구별하여 정리한 표를 제시합니다. 수용언어는 말을 이해하는 것을, 표현언어는 말을 산출하는 것을 의미합니다. 표를 통하여 영유아 검진이나 언어발달 검사처럼 객관적인 점수는 산출되지 않지만, 각 개월 수에 해당하는 언어발달 과제를 살펴볼 수 있어요.

언어치료 현장에서는 양육자에게 체크리스트를 제시하여 객관적으로 아이의 언어발달을 평가합니다. 체크하는 문항이 적을수록, 양육자의 표정에서 걱정하는 마음이 느껴지기도 하지요. 아이의 언어 능력이 부족하다는 생각에 죄책감이 느껴진다는 이야기를 전해 듣기도 하고요. 그러나 표를 확인하며 내 아이가 또래보다 빠른지 느린지에 초점을 두기보다, 아이가 현재 보이는 강점에 집중해 보세요. 해당 개월 수에서 체크되지 않은 항목은 앞으로 언어발달 성장을 위한 안내판이 되어줄 거예요. 지금부터 우리 아이의 돌 이전부터 5세까지의 언어발달 로드맵을 살펴보겠습니다.

0~12개월

아이를 출산한 직후부터 돌 무렵까지 엄마의 몸은 출산으로 망가진 몸을 회복해야 합니다. 그러나 아이를 잘 먹이고 재우는 데 에너지가 집중되고, 특히 100일 이전에는 충분히 수면하기도 어렵지요. 아이는 이 기간 동안 눈에 띄게 성장하는 모습을 보입니다. 누워만 있던 아기가 무럭무럭 자라서 스스로 뒤집고 기고 앉는 모습을 보이지요.

12개월 이전 시기에는 언어발달뿐 아니라 전반적인 발달을 함께 살펴봐야 합니다. 정기적으로 받는 영유아 검진을 통해서도 발달에 대한 정보를 얻을 수 있습니다. 아이가 안전하다는 전제로 일상에서 다양한 감각을 느껴보고 움직일 수 있도록 이끌어 주세요. 이러한 과정을 통해 감각과 대근육 발달을 촉진할 수 있습니다.

양육자와의 애착 형성과 상호작용은 아이의 발달에 있어 가장 중요한 요소입니다. 아이와 눈을 마주하고 아이가 내는 소리에 반응해 주세요. 엄마의 목소리와 함께 부드러운 스킨십으로 엄마의 사랑을 전해주세요. 이를 통해 '세상은 엄마 뱃속만큼 안전한 곳'이라는 인식을 심어줄 수 있습니다. 엄마와의 단단한 애착으로 발달의 토대를 안전하게 만들어 주세요.

돌 이전에는 아이가 정확한 말로 의사소통 의도를 전달하기보다 몸짓과 의미 없는 말소리로만 표현하는 모습을 자주 보일 수 있어요. 끊임없이 엄마와 의사소통을 시도하고 표현하려고 애쓰는 과정입니다.

아이가 무엇을 가리키는지, 아이의 표정(감정)은 어떠한지, 아이가 산출하는 말속에는 어떤 자음과 모음이 숨어 있는지 살펴보세요. 평소에는 발견하지 못했던 아이의 새로운 능력을 발견하는 경험을 할 수 있을 거예요.

연령	이해해요[수용]	표현해요[표현/산출]
0~12개월	□ 엄마와 아빠의 목소리에 더욱 반응해요. 친숙한 사람의 목소리를 선호하는 모습을 보여요. □ 친숙한 장난감 소리에 반응하고, 그 소리를 즐겨 들어요. □ 자신의 이름에 적극적인 반응을 보여요(예: 아이의 뒤에서 이름을 부르면, 뒤를 돌아보는 반응을 보여요). □ 익숙한 사물의 이름을 조금씩 이해해요(예: 우유, 밥, 물 등).	□ 울음, 웃음, 목소리의 억양으로 자신의 감정과 요구를 표현해요. □ 마치 노래하듯이 말소리에 운율을 넣어 표현해요. □ 몸짓을 사용하여 엄마와의 상호작용을 시도해요(예: 원하는 물건 가리키면서 '어어' 말하고, '잼잼, 도리도리, 까꿍' 시도에 반응하며, 타인과의 상호작용을 시도하는 모습을 보여요). □ 발음하기 쉬운 말소리로 말해요(주로 입술소리로 /음마, 엄마, 맘마, 빠빠/ 등을 말해요). 첫 단어는 보통 12개월 무렵에 말해요.
점검	□ 이해: 엄마가 아이의 이름을 불렀을 때 반응하는지, 아이가 엄마와 눈을 맞추며 상호작용을 즐기는지, 아이가 '빠이빠이, 잼잼, 도리도리'와 같은 행동을 모방하는지, 아이에게 익숙한 사물의 이름에 반응을 보이는지 살펴보세요. □ 표현: 아이가 스스로 소리 내는 것을 즐기는지, 다양한 억양이나 어조의 발성을 산출하는지, 몸짓으로 상호작용을 시도하고 반응하는지(예: 가리키기), /마마, 빠빠, 가가/ 등의 자음 산출을 조금씩 시도하는지 살펴보세요.	

12~24개월

아이의 움직임이 활발해지고, 서고, 걷기 시작하면서 엄마의 몸은 더욱 분주해집니다. 아이는 주변에 대한 호기심을 가지고 탐색하기 시작해요. 눈에 보이는 대로 만져보고, 감각을 느끼고, 입안에 넣어보기도 하지요. 혹시나 아이가 집안 곳곳을 걸어 다니다 다칠까 봐 엄마의 마음은 늘 조마조마합니다.

아이가 겨우 돌을 지난 시점부터 엄마는 아이와 조금씩 소통하는 느낌을 받을 수 있습니다. 이 시기에도 발달뿐 아니라 전반적인 발달을 함께 살펴봐야 합니다. 안전한 상황에서 더 많이 듣고, 만져보고, 움직일 수 있는 환경을 만들어 주세요.

연령	이해해요[수용]	표현해요[표현/산출]
12~24개월	□ 친숙한 호칭을 이해해요(예: 아빠, 엄마, 언니, 할머니 등). □ 아이에게 익숙한 사물의 이름을 이해하고, 주변 사물의 이름도 이해하려고 시도해요(예: 양말, 우유, 바지, 수건 등). □ '무엇', '누구'와 같은 질문을 이해할 수 있어요. □ 짧고 간단한 문장을 이해할 수 있어요(예: 물+마셔, 양말+신어, 옷+입어 → 간단한 문장을 이해하고, 지시에 반응해요).	□ 산출하는 자음이 다양해져요. □ 표현할 수 있는 사물의 이름이 많아져요(예: 말로 /우유/라고 표현하거나, 마시는 동작으로도 표현할 수 있어요). □ 어른의 억양과 함께 말을 모방하려고 시도해요. □ 아이에게 친숙한 것을 묻는 '무엇'이라는 질문에 대답해요(발음이 부정확할 수 있어요). □ 단어와 단어의 조합을 시도해요(예: 밥+먹어).

점검	☐ 이해: 아이가 가족의 호칭, 친숙한 사물의 이름, 동작어(예: "앉아", "먹어", "타" 등), 친숙한 단어가 포함된 간단한 문장을 이해할 수 있는지 확인해요. ☐ 표현: 아이가 산출하는 자음에는 무엇이 있는지, 자신의 요구를 표현할 때 어떠한 단어와 몸짓을 사용하는지, 완벽한 표현이 아니라도 단어와 단어를 붙여서 표현하려고 시도하는지 확인해요. • 아이의 언어 능력을 말할 수 있는 단어의 수로 한정 짓기보다, 아이의 다양한 몸짓과 소리에 주의를 기울여 주세요. 아이의 의사소통 시도에 엄마도 민감하게 반응해 주세요.

아이는 24개월이 되기까지 알고 있는 단어를 더욱 적극적으로 표현하는 모습을 보여요. 한 언어발달 연구에서는 아이가 18개월 무렵에 단어와 단어를 연결하는 시도를 한다고 합니다. 또 다른 전문가는 수용언어가 또래에 비해 늦지 않다는 것을 전제로 아이가 12~16개월 무렵에 첫 단어를 말한다면 정상 범주로 여기지요.

여기에서 알 수 있는 것은 아이마다 개인차가 존재한다는 것입니다. 아이마다 첫 단어를 말하는 시기, 단어와 단어를 연결해서 말하는 시기가 다르지요. 아이가 친숙한 단어를 이해하고 있는지, 다양한 자음을 말하는 것을 시도하며 즐기는지, 의사소통을 하고자 하는 의도를 보이며 엄마와의 상호작용을 즐거워하는지 살펴보세요.

아이는 우리 눈에 보이지 않아도 매일매일 새로운 단어를 이해하고 있어요. 아이가 이해하는 단어는 이후 '아이 말'의 재료가 됩니다. 아이에게 일상에서 사용하는 단어를 자주 들려주면서,

아이가 단어를 이해하고 있는지 여부를 간단히 점검해 보세요.

아래 체크리스트는 공식 검사가 아닌, 일상에서 가볍게 점검할 수 있는 어휘 목록입니다. 아이의 환경에서 친숙한 사물의 이름 위주로 체크해 보세요(예: '공룡'은 장난감을 처음 본 아이에게는 낯선 단어일 수 있어요). 높은 점수를 산출하는 것보다, 아이에게 어떤 어휘 자극을 더 줄 수 있을지에 대한 계획을 세우는 용도로 활용해 보세요.

24개월 우리 아이 어휘 점검표

가족/사람/동물	엄마, 아빠, 누나/형/언니, 아기, 할머니, 이모, 선생님, 동생, 멍멍이, 야옹이, 또는 반려 동물의 이름, 토끼, 곰
신체	눈, 코, 입, 발, 머리, 팔, 손, 이(이빨), 엉덩이, 배꼽
음식	밥, 우유, 물, 계란, 과일(딸기, 바나나, 사과, 배), 생선, 주스, 과자, 치즈
식기	그릇, 컵, 숟가락, 포크, 접시(식판)
자연/환경	꽃, 나무, 풀, 개미, 눈, 하늘, 구름, 해, 흙, 모래
옷/의류	기저귀, 양말, 옷, 모자, 신발, 장화, 단추
장난감	공, 기차, 비행기, 인형(동물, 공룡, 아기인형 등), 자동차, 바퀴
사물/가정용품	책, 의자, 식탁, 침대, 문, 비누, 치약, 칫솔, 변기, 이불, 베개
사회적 표현/상태를 나타내는 말	안녕, 안 돼!, 그만, 사랑해, 좋아/싫어, 아파, 있다/없다, 예쁘다/미워, 많이/조금, 네/아니오, 빠이빠이, 고맙습니다
동작어	먹다, 가다/오다, 신다/벗다, 타다, 앉다, 마시다, 입다, (모자를) 쓰다, 닦다, 꺼내다, 앉다/일어서다, 보다, 주다/받다

출처: 7~24개월 정상 영아의 어휘발달 설문조사, MCDI-K 어휘 목록표

18~24개월은 어휘 폭발기

많은 언어발달 전문가들은 18~24개월 무렵의 시기를 언어발달의 골든타임이자 어휘 폭발 시기라고 이야기합니다. 여기에서의 '폭발'은 말할 수 있는 단어의 수가 급진적으로 증가하는 것에 한정되지 않습니다. 아이가 이해할 수 있는 단어, 몸짓과 다양한 소리로 표현하는 빈도가 늘어나는 것을 의미합니다.

언어발달에 있어서 중요하지 않은 시기 즉, '덜' 중요한 시기는 없다고 볼 수 있지만, 이 무렵에 받는 언어 자극은 아이의 언어발달에 있어서 중요한 자원이 됩니다. '어휘 폭발기'에 어느 정도의 어휘를 습득해야 하는지에 대한 기준은 연구자마다 상이합니다. 또한 아이마다 언휘 폭발기의 발달 정도도 차이를 보입니다.

이 시기의 아이는 이해할 수 있는 단어가 하루가 다르게 늘어납니다. 때로는 엄마가 자주 들려주지 않은 말도 이해하는 듯한 모습을 보이지요. 이해할 수 있는 문장의 길이도 길어지면서, 아이는 단어와 단어를 붙여서 말하려고 시도하는 모습을 더욱 자주 보입니다. 아이 자신에게 친숙한 사물을 가리키며 말로 표현하고 엄마의 반응을 기대하는 모습을 볼 수 있습니다.

엄마에게도 더욱 힘이 실리는 때입니다. 이전에는 엄마가 일방적으로 말을 들려주는 듯한 느낌을 많이 받았다면, 아이와 짧은 순간이라도 소통한다는 생각이 드는 때가 점점 많아지지요. 발음은 아직 부정확하지만, 엄마에게도 아이의 의도를 읽어내는 능력이 길러지는 시기입니다.

앞서 어휘 폭발기에 이해하는 어휘의 수는 연구자마다 차이가 있다고 이야기했지만, 아이의 머릿속에 많은 어휘가 한꺼번에 쌓이는 시기라는 것만큼은 분명한 사실입니다. 아이에게 엄마가 적극적으로 말을 들려주고, 아이가 표현하고자 하는 시도에 민감하게 반응하려는 시도는 아이의 어휘 창고를 더욱 풍성하게 합니다.

24~36개월이라는 골든 타임

언어치료 현장에서도 24~36개월은 자주 언급되는 시기입니다. 언어발달 정보를 검색하다가 발견한 '골든 타임'이라는 단어가 때로는 큰 부담감으로 느껴지기도 하지요. 혹자는 각 발달 시기마다 중요하지 않은 때는 없다고 이야기합니다. 각 시기의 발달 과업을 이루는 과정을 통해 한 개인으로 건강하게 성장할 수 있기 때문입니다.

여러 다양한 의견 가운데, 이 책에서는 24~36개월에 힘을 싣고자 합니다. 이 시기는 엄마와 아이의 잠재력을 함께 키울 수 있습니다. 아이는 엄마에게 작은 몸짓부터 말, 단어, 단어+단어로 의사를 표현하며 물꼬를 트고, 엄마는 이러한 아이의 의도에 반응하며 때마다 영양분을 공급할 수 있지요. 마치 봄에 얼굴을 내민 새싹처럼, 아이와 엄마 모두의 잠재력이 싹을 틔우고 자라나는 때입니다.

이 무렵 아이에게 익숙한 실물카드 3~5개를 벽에 붙인 후, 엄마가 말한 것을 가리키는 활동을 통하여 이해가능한 어휘를 점검할 수 있습니다. 간단한 심부름을 시키는 것도(예: "양말 어디 있어? 양말 가져올래?") 아이의 이해 여부를 가정에서 살펴볼 수 있는 활동 중 하나입니다.

단어와 단어를 연결하여 말하기 위해서는 사물의 이름과 함께 다양한 기능어(동작어, 상태를 나타내는 말)를 이해할 수 있어야 합니다. 일상에서 사용되는 동작어를 아이에게 자주 들려주세요(예: "신발+신어", "물+따라", "밥+먹어"). 자연스럽게 해당 단어를 노출하는 거지요. 이를 통해 아이가 단어와 단어를 연결하여 문장을 산출하기 위한 자원을 쌓아갈 수 있습니다.

연령	이해해요[수용]	표현해요[표현/산출]
24~36개월	□ 질문을 이해하고 반응할 수 있어요(예: 심부름 놀이에 정확한 반응을 보여요). □ 이해하는 단어의 수가 나날이 많아져요(예: 이해하고 있는 단어와 함께 새로운 단어의 의미를 추측해요). □ 일상 행동의 간단한 순서를 이해할 수 있어요(예: 신발 신고→나가자). □ 이해할 수 있는 문장이 많아져요(예: 아이의 일상과 관련된 내용).	□ 두 단어를 조합하여 산출해요. 이 과정을 통해 문장을 만들어가요(예: 아빠+회사, 아빠+회사+가). □ '누구, 어디, 무엇'과 같은 질문에 간단하게 대답할 수 있어요. □ 자기 경험을 짧게 전달해요(예: 어린이집에서 먹은 것을 물어보았을 때, 간단히 답해요. 문법적으로는 부정확할 수 있어요). □ 부정어(예: '아니야, 싫어') 등 다양한 사회적인 표현을 사용해요(예: 인사하기, 반응하기, 관심 표현하기).

점검	□ 이해: 아이가 이해할 수 있는 낱말이 늘어나고 있는지, 의문사 질문에 대한 답을 가리키거나 단어로 표현할 수 있는지, 친숙한 물건에 대한 심부름(지시 따르기)이 가능한지 확인해요. □ 표현: 아이가 산출하는 단어가 늘어나고 있는지, 단어와 단어를 붙여서 표현하려고 시도하는지, 발음이 정확하지 않더라도 말로 표현하려는 시도가 있는지, 상호작용을 시도하고 즐기는지 확인해요.

아이는 단어와 단어를 붙여서 자기 의사를 전달하고, 상대방의 반응을 보며 말을 수정합니다. 그러고 난 후, 다시 짧은 문장으로 표현하며 엄마의 반응을 기대하지요. 비록 서툰 문장일 수 있지만, '말하는 것은 정말 재미있구나. 또 시도해야지'와 같은 동기가 생겨납니다.

혹시, 아이가 별다른 반응을 보이지 않는다면 더욱 '천천히, 부드럽게, 반복해서' 엄마의 말을 들려주세요. 무엇보다 엄마가 조용하기 때문에 아이에게 말을 많이 들려주지 못했다는 자책은 삼가주세요. 다른 아이와 비교하는 마음도 금물입니다. 아이의 말 자원을 만들기에 오늘은 충분히 '적당한' 시기입니다.

36~48개월

이 시기의 엄마는 아이의 질문에 대답하느라 일상이 더욱 분주해집니다. 표현하는 어휘가 많아지고 문장이 길어지는 만큼 세상에 대한 호기심이 많아진 것이지요. 때로는 어른의 말을 그대로 따라 말하거나, 은연 중에 들었던 엄마의 말을 마치 복사기처럼 따라 말해 어른들을 깜짝 놀라게도 만듭니다. 저 역시 직장 동료와 통화하는 저의 모습과 대사를 그대로 따라하는 아이를 보고 놀란 적도 있어요.

최근에는 36개월 이전에 언어발달 검사를 의뢰하는 경우도 많아졌지만, 많은 양육자가 36개월에서 48개월 무렵에 언어치료실을 본격적으로 찾기 시작합니다. 또래에 비해 말하는 단어 수가 적거나 표현할 수 있는 문장이 거의 없어서, 발음이 부정확해서 언어발달 검사를 의뢰하지요. 검사를 받기 직전까지도 밤새 '검사를 받는 것이 맞는 것일까' 고민했던 엄마의 마음을 자주 마주하게 됩니다.

36개월 무렵부터는 주변으로부터 "36개월까지는 기다려 보세요", "남자아이는 여자아이보다 더 늦을 수 있어요", "저희 아이는 36개월이 지나더니 말이 갑자기 트였어요. 지금은 말이 너무 많아서 탈이에요"와 같은 이야기에 더욱 신경이 쓰입니다. 이러한 말을 들을수록 혼란스러운 마음이 더욱 커지지요. "조금만 더 기다려 보세요"라는 조언이 내심 반갑게 느껴질 수도 있습니다. 왠지 모르게 안도하는 마음이 들기도 하고요. 언어치료실을 향하는 발걸음이 무겁게만 느껴집니다.

언어발달 연구자들은 아이가 2~3세가 될 때까지 표현할 수 있는 어휘의 수가 50개 미만이거나 단어를 조합하여 산출하는 모습을 보이지 않는다면 언어발달 검사를 받아볼 것을 권합니다. 여

기에 더해 아이가 다양한 자음 산출을 시도하고 있는지, 의사소통 의도를 표현할 때 몸짓과 함께 소리를 동반하는지 여부도 함께 점검할 필요가 있습니다.

36개월 무렵부터는 발음도 중요해집니다. 언어발달 전문서적에 종종 등장하는 자음 발달표를 보면 입술소리(예: /ㅍ, ㅁ/)가 가장 먼저 발달하고, /ㅅ/는 뒤늦게 발달하는 것을 알 수 있어요.

우리말 자음의 발달

연령	음소 발달 단계			
	완전습득 연령 95~100%	숙달 연령 75~94%	관습적 연령 50~74%	출현 연령 25~49%
2세	ㅍ, ㅁ, ㅇ	ㅂ, ㅃ, ㄴ, ㄷ, ㄸ, ㅌ, ㄱ, ㄲ, ㅋ, ㅎ	ㅈ, ㅉ, ㅊ	ㅅ, ㅆ
3세	ㅂ, ㅃ, ㄸ, ㅌ	ㅈ, ㅉ, ㅊ, ㅆ	ㅅ	
4세	ㄴ, ㄲ, ㄷ	ㅅ		
5세	ㄱ, ㅋ, ㅈ, ㅉ			
6세	ㅅ			

아이는 어른의 말을 듣고 자신의 말을 스스로 수정하는 과정을 수없이 거칩니다. 이 과정을 통해 발음이 정확해지며 아이 말을 이해할 수 있는 가능성(명료도)이 커집니다. 표와 같이 36~48개월에는 /ㅅ/과 /ㄹ/ 자음이 포함된 단어는 부정확하게 산출될 수 있습니다.

뒤에 이어지는 이야기에서도 정확한 발음을 촉진할 수 있는 방법을 다루겠지만, 가정에서는 정확한 발음을 듣는 경험을 만들어 주는 것이 중요합니다. 아이의 발음이 부정확해서 가족뿐 아니라 또래와 소통하는 데 어려움이 있다면 언어치료실에 방문하여 발음검사를 받아보는 것을 권해드려요. 아이의 현재 발음 발달 상황을 살펴보는 것과 함께 '내 아이'에게 맞는 발음 촉진 방법에 대한 조언을 들으실 수 있을 거예요.

연령	이해해요[수용]	표현해요[표현/산출]
36~48개월	□ 동작어, 사물의 기능, 상태를 나타내는 말, 반대말 등의 다양한 어휘를 이해할 수 있어요. □ 사건의 전/후 개념을 이해할 수 있어요(예: 먼저, 나중). □ 짧은 이야기에 주의를 기울여 집중할 수 있어요.	□ 다양한 질문을 사용해요(예: "아빠 어디 갔어?", "언제 올 거야?", "아빠 왜 갔어?"). □ 자신의 경험을 순서대로 표현해요(예: "어린이집에서 밥 먹고 낮잠 잤어"). □ 이전보다 정확한 발음으로 문장을 산출해요. □ 문장을 만드는 요소(문법형태소)를 사용할 때 오류를 보이기도 해요(예: "선생님이가 줬지").
점검	□ 이해: 다양한 상황에서 다양한 어휘를 이해할 수 있는지, 상대방의 질문의 의도를 파악할 수 있는지(예: 과거의 경험을 묻는 질문), 상대방의 말에 주의를 기울여 듣고 적절하게 반응할 수 있는지(대화 분위기에 대한 이해) 확인해요. □ 표현: 아이가 이해하고 있는 어휘를 적절하게 문장으로 표현하는지, 이전보다 산출하는 문장 길이가 길어지고 있는지, 상대방의 질문의 의도에 맞게 대답할 수 있는지	

• 참고: 《말소리장애》(김수진·신지영 지음, 시그마프레스, 2015년)

4~5세

이 시기의 아이와 대화를 할 때는 마치 어른과 대화하는 듯한 기분이 들기도 합니다. 그만큼 문장도 제법 세련되고 표현력도 더욱 다양해지지요. 가정에서는 아이의 말뿐 아니라 인지발달에도 더욱 신경을 쓰게 됩니다. 수 세기, 색깔, 범주어(예: 강아지-동물), 비교 개념 등에 대한 질문을 하며 아이의 지식을 확인하기도 하지요.

이 무렵에는 또래와 이전보다 소통이 더욱 활발해집니다. 아이가 알고 있는 단어, 지식, 긴 문장을 매끄럽게 말하는 것도 중요하지만, 대화 상대방의 감정을 파악하고 적절하게 전달하는 연습이 필요합니다. 이러한 연습은 학령기 이후에도 꾸준히 지속됩니다. 자신의 감정이나 상대방의 감정을 파악하고 대화할 때 상대방에게 주의를 기울이는 것, 대화의 차례를 지키는 것을 4~5세 때부터 조금씩 연습해 나가면서 사회성도 함께 성장할 수 있습니다.

연령	이해해요(수용)	표현해요(표현/산출)
4~5세	□ 이전보다 긴 이야기에 집중할 수 있어요(예: 짧은 이야기, 사건의 순서, 원인/이유에 대한 설명). □ 상황을 이해할 수 있어요(예: 상황이 일어나는 장소, 타인의 감정, 분위기). □ 눈에 보이지 않는 시간, 계절, 전후 상황을 이해해요.	□ 아이가 산출하는 문장이 점점 세련되고 정교해져요. □ 아이가 산출하는 대부분의 발음을 이해할 수 있어요. □ 역할놀이 외의 다양한 놀이 상황에서도 상황에 맞는 말을 자연스럽게 표현할 수 있어요.

점검	□ 이해: 상대방의 감정, 분위기, 상황을 이해할 수 있는지, 어른의 말에 주의를 기울일 수 있는지, 때/시간/인지적인 개념을 이해할 수 있는지 확인해요. □ 표현: 자신이 알고 있는 것을 전달하려고 시도하는지, 상황에 맞게 말하는 것을 배우고 시도하는지, 아이 말의 명료도가 높아지고 있는지(아이가 말하는 발음을 80% 이상 이해할 수 있는지) 확인해요.

지금까지 각 연령에 따른 언어발달 과정을 살펴보았습니다. 발달 정보를 얻을 수 있는 경로가 다양해지면서 검색창에 각 개월 수를 입력하면 영역별 전문가의 의견도 어렵지 않게 접할 수 있습니다.

수많은 정보가 유통되고 있음에도 이 책에 언어발달 정보를 담은 이유는 아이의 언어발달 로드맵을 함께 그려가기 위함입니다. '단계'나 '레벨 테스트'로 여기기보다, 현재 우리 아이를 면밀하게 관찰하는 도구로 사용해 보세요. 더불어, 이어지는 '말자극' 방법을 적용해 보세요.

아이의 연령이 높아짐에 따라 엄마는 더욱 다양한 단어와 긴 문장의 말을 들려주게 됩니다. 그런 과정 중에도 언어발달의 중심은 상호작용입니다. 구심점이 되어주지요. 부담감 대신 자신감으로 그 자리를 대체해 주세요. 엄마는 그 자체로 아이에게 충분한 존재입니다.

말자극 환경, 이렇게 만들어요

편안한 환경이야말로 최적의 말자극 환경

이제, 본격적으로 우리 아이 말문을 틔우기 위한 '말자극 환경'을 만들어 볼까요? 말자극 환경을 만들기 위해서 무엇이 필요할까요? 아이에게 무언가를 가르치기 위한 학습적인 분위기, 주의 집중을 유도하기 위한 책상, 사물 카드와 그림책과 같은 교구가 떠오를 수도 있어요. 그러나 말자극 환경이란 아이에게 익숙하고 편안한 동시에 엄마에게도 말하기에 부담감이 없는 환경을 의미합니다. 엄마와 아이 모두의 영향을 받는 곳이기 때문에, 아이와 늘 함께하는 우리 집이야말로 최적의 말자극 환경이랄 수 있습니다.

"우리 집은 깔끔하게 정리가 되어 있지 않아서 어려워요." 또는 "거실이 다른 집에 비해 좁은 편인데, 말자극 환경이 만들어 질 수 있을까요?"와 같은 고민이 생길 수 있습니다. 그러나 말자극 환경은 항상 깔끔하게 정리되어 있거나 잡지 속에 나오는 넓고 화려한 인테리어를 말하는 것이 아닙니다. 먼저, 우리 집 환경을 편안한 마음으로 점검해 보세요. 아이에게는 엄마와 함께하는 공간이 최적의 말하기 환경입니다. 엄마의 말수가 많거나 적은 것보다 더욱 중요한 것은 아이에게 전달하는 따스한 눈빛인 것처럼요!

말자극 환경 기록지

1. 집에서 아이가 놀이(또는 대화)를 즐겨 하는 공간은 어디인가요(예: 거실, 식탁, 욕실 등)?

2. 아이의 놀이(또는 대화) 공간에는 어떤 물건이 있나요(예: 장난감, 베이비룸, 그림책)? 어떤 종류의 장난감이 가장 많나요(예: 자동차, 공룡 피규어, 인형 등)?

3. 엄마에게 있어서 아이와 놀이(또는 대화)를 하기에 가장 편안한 공간은 어디인가요?

4. 아이는 하루 중 언제 가장 컨디션이 좋나요(예: 아침 식사 이후, 하원 후

간식 시간, 목욕한 이후 등)?

....

5. 아이와 놀이하는 데 방해 요소는 무엇인가요(예: 텔레비전, 스마트폰, 장난감, 아이의 피로 등)?

- 아이에게 방해가 되는 것: ....
- 엄마에게 방해가 되는 것: ....

6. 다음 각 공간에서 엄마가 아이에게 가장 많이 하는 말은 무엇인가요?

- 거실에서: ....
- 욕실에서: ....
- 식탁(아이과 함께 식사하는 공간)에서: ....
- 침실(아이가 자는 공간)에서: ....

아이가 집중할 수 있는 환경을 만들어 주세요

말자극 환경을 구성하는 데 무엇보다 중요한 것은 엄마의 말을 잘 들을 수 있는 환경을 만드는 것입니다. 아이는 어른보다 집중하는 시간이 짧고, 외부 자극에도 쉽게 반응해요. 어른도 좋아하는 드라마가 방영되고 있는 상황에서 다른 일에 제대로 집중하기 어렵지요. 엄마가 아이에게 말을 들려줄 때 주변에 재미있는 장난감이 보인다면, 아이는 엄마의 말에 주의집중을 지속하기 어려울 거예요.

① 아이와 대화하기 전에 주변의 장난감을 정리해 주세요

모든 장난감을 깔끔하게 정리할 필요는 없습니다. 아이와 함께하는 모든 순간에 정리정돈은 쉽지 않아요. 오히려 아이가 좋아하는 장난감이 엄마와의 상호작용에 있어서 좋은 매개물이 될 수 있으니, 완벽하게 치우려고 노력하지 않아도 됩니다.

장난감을 정리하는 목적은 엄마가 아이에게 말을 걸 때 '아이가 엄마의 말에 집중할 수 있도록' 돕는 것입니다. 엄마가 준비한 '말, 놀이, 그림책'을 아이에게 제시했을 때, 주변의 장난감 때문에 방해를 받거나 특히, 버튼을 누르면 소리가 나오는 장난감으로 인해 엄마의 말이 들리지 않을 수 있습니다.

언어치료 현장에서는 목표에 따라 장난감 속 건전지를 빼놓기도 합니다. '삐뽀삐뽀' 소리가 나오는 자동차, 말하는 자판기, 그 외 다양한 노래가 나오는 장난감은 아이들이 흥미를 보입니다. 처음에는 버튼을 누르고 탐색할 시간을 주면서 조금씩 엄마의 목소리를 들려주세요. 아이가 장난감에서 흘러나오는 노래를 좋아한다면, 함께 따라 부르는 것 또한 상호작용을 유도하는 방법입니다.

아이와 대화하기 전, 주변을 정돈하는 방법

1. 아이와 함께 놀고자 계획한 장난감이 있다면(예: 역할놀이), 해당 장난감 외에 다른 물건들은 정리해 주세요. 때로는 놀이가 확장되어 다양한 장난감이 필요한 경우도 있습니다(예: 마트놀이를 하다가 주인공이 다쳐서 병원놀이로 이어지는 상황). 그런 경우에는 조금씩 장난감을 꺼내 주세요.
2. 그림책을 통해 대화를 유도할 때는 함께 읽을 그림책에만 집중할 수 있도록 정리해 주세요. 주변의 노랫소리와 영상은 볼륨을 0으로 줄여주세요.
3. 아이와의 대화를 유도하기 전, 아이가 현재 가지고 놀지 않는 장난감은 제자리에 놓아주세요. 아이가 함께 정리가 가능하다면 정리 노래(예: 〈모두 제자리〉)를 부르며 함께 정리해 보세요.

• 장난감은 일상에서 좋은 언어촉진 도구로 활용됩니다. 이후에도 장난감 활용법에 대해 이야기를 나눌 거예요. 이 챕터에서 다루는 '정리'는 엄마가 아이에게 말을 거는 상황에서 "여기 봐야지!", "엄마가 말하고 있는데 또 자동차만 가지고 놀 거야?", "애써 준비했더니, 역시 관심도 안 보이네"와 같이 화를 내거나 포기하는 상황을 예방하기 위한 조치입니다.

② 아이와 마주 보고 앉아요

우리는 누군가와 대화할 때, 상대가 나의 이야기에 집중해 주기를 바랍니다. 조심스러운 마음으로 대화를 시작했는데, 상대방의 시선이 스마트폰에만 향해 있다면 무시당한 듯한 느낌에 속이 상할 수밖에 없습니다.

아이와의 대화 상황 또한 마찬가지입니다. 아이도 엄마도 서로의 눈을 바라보며 서로의 목소리에 집중해야 알찬 대화를 이어갈 수 있습니다. 무엇보다 아이가 주변과의 상호작용을 통해 대화의 기술을 배우고 있는 단계라는 것을 잊지 말아주세요. 당연히 대화에 집중하는 시간이 짧을 수밖에 없습니다. 따라서 엄마가 먼저 아이의 눈을 바라보며 짧은 말을 들려줘야 합니다. "엄마 봐야지! 말할 때는 엄마 눈을 보는 거야." 이렇게 지시하기보다는 아이의 이름을 부르며 자연스럽게 엄마의 얼굴로 시선이 향할 수 있도록 이끌어 주세요.

가정에서 엄마와 아빠, 조부모님, 주변 이웃과 소통할 때 서로를 존중하는 모습을 보여주세요. 스마트폰만 바라보는 모습이 아닌, 서로의 이야기에 귀를 기울이며 격려하는 모습이 보일 수 있도록 이끌어 주세요.

아이와 대화하기 전, 자연스럽게 아이와 마주 앉는 방법

1. 아이가 다른 일에 몰두하고 있다면, 아이의 활동이 끝날 때까지 기다려 주세요. 아이가 엄마와의 대화 시간을 학습 시간으로 느끼는 것이 아니라, 일상의 한 부분으로 여길 수 있도록 이끌어 주세요.
2. "엄마 봐", "여기 봐", "똑바로 앉아 볼까?", 이러한 지시보다 "○○(아이 이름)야~" 부드럽고 나긋하게 아이의 이름을 불러보세요. "엄마가 들려주고 싶은 이야기가 있어", "엄마 이야기 들어볼래?"와 같은 표현으로 아이가 준비할 시간을 만들어 주세요.
3. 아이가 말이 아닌 몸짓이나 부정확한 언어로 의사소통을 시도했더라도 아이의 시도에 반응해 주세요. 아이는 엄마가 아이의 말을 듣는 모습, 자세, 반응을 통해 대화하는 방법을 배워갑니다.

- 아이는 어른과 길게 대화를 유지하는 것이 어려울 수 있어요. 엄마와 한마디의 대화가 오고 갔더라도 아이와의 시간이 즐거웠다는 것을 표현해 주세요.

대화 시간에는 미디어를 꺼주세요

아이와 대화 나누는 시간에는 모든 미디어를 차단해 주세요. 엄마는 스마트폰을 보이지 않는 곳에 두거나(예: 거실에서 아이와 함께하고 있다면, 스마트폰은 주방이나 침실에 두기), 진동모드로 설정해 주세요. 급한 연락을 받아야 하는 경우가 아니라면, 메신저에 대한 답이나 댓글 확인은 아이와의 상호작용 시간이 끝난 이후로 미뤄주세요.

아이와 상호작용하는 모습을 기록하거나 아이의 모습을 담기 위해 스마트폰으로 촬영해야 한다면, 삼각대를 활용하여 스마트폰을 설치한 후 아이와의 상호작용에 집중해 주세요. 아이의 모습을 촬영할 때도, 촬영 직후에는 바로 아이와 놀이에 몰입해 주세요. 저 또한 아이의 모습을 촬영하고 싶어 스마트폰을 손에서 떼지 못한 적이 있는데요. 아이와 스마트폰을 번갈아 신경 쓰다가 오히려 중요한 모습들을 놓친 적이 많았습니다. 아이의 모습을 담기 이전에 아이의 놀이와 작은 몸짓에 먼저 초점을 맞춰주세요.

스웨덴의 저명한 정신과 의사 안데르스 한센(Anders Hansen)이 쓴 《인스타 브레인》은 휴대전화가 가까이에 있는 것만으로도 집중력과 기억력에 방해를 줄 수 있다고 말합니다. 왠지 모르게 허전하게 느껴지는 집안 분위기를 채우고자 틀어놓은 TV가 대화에 집중하는 데 방해물이 될 수 있습니다. 아이가 상호작용을 시도했을 때, 뉴스나 스마트폰 알림에 엄마의 귀가 쫑긋 세워지게 될 가능성이 커지기 때문이지요. "저는 말수가 적은 편이어서, 집에서 흐르는 적막함이 싫어요. 그래서 늘 TV를 틀어놓고 있어요. 그래야 아이에게도 자극이 될 수 있을 것 같고요." 이러한 고민을 언어치료 현장에서도 자주 마주합니다. 그러나 아이와 의사소통

(예: 엄마를 부르는 동작과 말)을 시도하고, 몸짓, 표정에 더 민감하게 집중하기 위해서는 최대한 소음이 없는 환경을 만들어야 합니다.

아이와 단둘이 마주했을 때, 집안에 배경 음악이 없는 것이 어색하다면 잔잔한 음악을 틀어두는 것은 괜찮습니다. 동요가 나올 때는 아이와 함께 눈을 마주하며 가사를 따라 부르고 율동으로 상호작용을 이어갈 수 있습니다. 다만, 집중하는 데 방해가 된다고 느껴지는 소음은 최대한 볼륨을 낮춰 주세요. 내 아이를 향한 면밀한 관찰, 다정한 눈빛과 사랑은 어떤 미디어도 대신하지 못하는 최고의 자극이라는 것을 기억해 주세요.

아이와 대화하기 전, 미디어 점검 리스트

	점검해 보세요	O, X
1	스마트폰을 통해 즉각적으로 처리해야 할 일이 있나요? 아이와 대화가 끝나기 전까지 대화에 집중할 수 있나요?	
2	스마트폰을 시선이 닿지 않는 곳에 두었나요?	
3	아이에게 방해가 되지 않도록 아이패드 등 스마트기기를 보이지 않는 곳에 두었나요?	
4	TV 전원을 껐나요?	
5	배경 음악을 틀어놓았다면, 볼륨이 적절한 크기로 조절되었나요? 엄마가 아이에게 전하는 목소리가 잘 들리나요?	

• 미디어가 상호작용에 있어서 유용한 도구로 사용되는 경우도 있습니다. 그럼에도 24개월 전후의 아이에게는 직접 엄마의 얼굴을 마주하며 목소리를 들려주는 경험이 충분히 쌓여야 합니다.

간혹, 아이와 상호작용 시간에 스마트폰과 거리를 두는 것이 힘겹게 느껴진다는 고민을 듣습니다. 엄마에게 말을 시작한 예쁜 내 아이의 모습을 찍고 싶은 마음에 스마트폰을 들었다가 대화나 놀이의 흐름이 끊겼다는 경우도 있지요. 저 또한 아이가 24~36개월 무렵에 경험했던 익숙한 상황입니다.

아이와 함께하는 시간만큼은 내 아이가 시도하는 몸짓, 부정확하지만 스스로 무언가를 말하고자 하는 시도, 엄마에게 보이는 반응을 살펴보세요. 어제와는 무엇이 달라졌는지, 한 달 사이에 어떠한 변화가 있었는지 기록하는 시간도 함께 가져보세요. 시간 가는 줄 모르고 아이에게 몰입하는 신기한 경험을 할 수 있답니다.

아이에게 친숙한 환경에서 익숙한 단어를 사용합니다

아이는 익숙하고 편안한 환경에서 들은 단어를 더 쉽게 이해할 수 있습니다. 시작 단계에는 낯선 단어보다 아이가 친숙하게 느끼는 단어를 들려주세요. 아이가 직접 볼 수 있는 사물의 이름은 더욱 이해하기 쉽습니다. 동작을 표현하는 말이나 상태를 나타내는 말 또한 아이가 직접 경험하거나 볼 수 있는 것부터 들려주세요.

많은 언어 발달 연구자들은 단어와 그 단어가 가리키는 대상을 수없이 반복해서 들어야 단어를 배울 수 있다고 말합니다. 10

개월 무렵이면 단어와 의미를 연결할 수 있는데, 이 시기 전후로도 지속적으로 듣기 경험이 충족되어야 새로운 단어를 배울 수 있어요. 그렇다면 아이에게 익숙하고 편안한 환경이란 무엇일까요?

아이가 매일 생활하는 가정(예: 거실, 식탁, 침실, 화장실 등), 등하원길, 자주 가는 장소 모두 아이에게 친숙한 환경이 됩니다. 친근한 환경에서라야 아이가 이해하는 데 필요한 에너지가 덜 들게 되고, 무엇보다 자극을 주는 엄마도 쉽고 편안하게 아이의 말문을 두드릴 수 있습니다.

아이가 이해하기 쉬운 단어의 예: 식사할 때

이해하기 쉬운 단어	예시
친숙한 사물의 이름	음식: 우유, 밥, 물, 이유식에 들어간 채소 이름, 반찬 이름, 아이가 자주 먹는 과일 이름 도구: 우유병, 컵, 숟가락, 포크, 의자, 손수건
눈에 보이는 동작어	먹어, (그릇에) 담아, (물) 따라, (물) 마셔, (의자에) 앉아, (수건으로) 닦아
상태를 나타내는 말	뜨거워, 차가워, 딱딱해, 맛있어/맛없어
아이에게 편안하게 질문/제안하기	맛있어?, 맛없어?, 뭐 먹을까?, 여기에 줄까?, 천천히 먹자

식사시간 외에도 '자고 일어나서/잠잘 때, 목욕할 때, 장난감으로 놀이할 때, 옷 입을 때/신발 신을 때' 등의 상황에서도 위와 같

이 아이에게 익숙한 단어를 들려줄 수 있습니다. 아이가 밥을 먹을 때, 아이가 씻을 때, 아이가 옷을 입고 있을 때 친숙한 단어를 들려준다면 더욱 빠르게 단어를 흡수할 수 있어요.

부모교육 현장에서 이러한 내용을 전달하면, "아이에게 익숙한 상황은 대략 알겠는데, 어떤 단어를 들려주어야 할지 막막해요"라는 고민을 듣습니다. 평소 아이에게 어떤 말을 하는지 살펴보세요. 생각했던 것보다 더 많은 말을 아이에게 건네고 있는 엄마의 모습을 발견할 수 있습니다. 말의 빠르기를 보다 '천천히' 조절하고, 부드럽게 반복해서 아이에게 말을 전달해 보세요. 이어지는 챕터에서도 각 장소와 상황마다 어떠한 단어를 들려주어야 할지에 대해, 상세하게 안내해 드릴게요!

엄마가 편안한 환경인지 점검합니다

아이와 함께 생활하는 '집'은 엄마에게도 익숙한 공간입니다. 반복되는 육아에 답답한 공간으로 여겨질 때도 있지만, 집에서는 어떤 장소보다 긴장도가 낮아집니다. 기분전환을 하려 외출했다가 오히려 엄마와 아이의 스트레스만 증가하는 일도 적지 않지요.

편안한 환경을 만들기 위해서는 엄마의 컨디션 조절도 필요합니다. 육아하는 동안 엄마는 매일 잠이 부족합니다. 돌 이전까지는 출산 이후 회복되지 않은 몸으로 수면 패턴이 잡히지 않은 아이를 부여잡고 잠과 사투할 가능성이 크지요. 그러나 아이와 상호작용을 하는 데 무엇보다 중요한 것은 아이에게 최선의 반응을 보이기 위해 엄마의 컨디션이 좋은 시간대를 찾는 일입니다.

기억을 떠올려 보면, 저 역시 언어치료실에서 언제나 좋은 컨디션으로 아이들과 마주한 것은 아니었어요. 피로가 쌓인 채로 출근하는 날도 많았지요. 오랜 시간이 지나고 나서야, 아이들 역시 선생님이 많은 말을 하는 것을 원하지 않는다는 것을 깨달았어요. 자신의 눈짓, 손짓, 몸짓에 담은 메시지를 읽어주고 반응해 주기를 원하는 것이었지요.

엄마의 컨디션이 좋을 때 아이와 놀이를 시도하면 서로 더 많은 에너지를 낼 수 있습니다. 이때 아이의 반응을 통해 아이의 필요(needs)를 적극적으로 파악할 수 있지요. 그러나 엄마의 컨디션이 좋지 않은 상황에서도 상호작용이 촉진될 수 있습니다. 중요한 것은 편안한 마음을 갖는 거예요. '아이의 언어를 반드시 자극해 줘야만 해. 아이가 말을 한마디라도 더 할 수 있어야만 해' 와 같은 무거운 강박을 내려놓으세요. '아이는 엄마와 함께하는 것만으로도 즐겁고 행복해!' 이러한 마음으로 가볍게 아이를 대한다면 아이가 원하는 집중과 편안함을 선사할 수 있을 것입니다. 스마트폰, 집안일, 그리고 밀린 업무의 중압감을 조금이라도 떨쳐낼 수 있는 시간대도 함께 찾아보세요. 아이가 어린이집에 간 시간이나, 틈틈이 생기는 자투리 시간을 활용해 가볍게 머리를 식히는 것도 방법이 될 수 있습니다. 몸은 아이와 함께 있는데 엄마의 시선이 스마트폰이나 밀린 빨래로 향해 있다면, 아이도 엄마와의 놀이에서 시선이 흩어질 가능성이 커집니다. 부담은 낮추되 아이와 함께 있는 시간의 집중도를 높일 필요가 있습니다.

점검해 보세요		O, X
1	아이와 함께하는 시간과 공간에서 엄마도 편안함을 느낄 수 있나요?	
2	'아이와 함께하는 시간은 무조건 많은 말을 들려주어야 해'라는 압박감을 내려놓았나요?	
3	'아이는 엄마와 함께하는 시간 그 자체만으로도 행복해. 나도 함께 즐거움을 누려야지' 다짐했나요?	
4	현재 해야 하는 일(예: 빨래, 설거지, 청소, 그 외 업무)을 내려놓고 잠시 아이에게 집중할 수 있나요?	
5	현재 나의 컨디션은 어떠한가요? 충분한 수면과 휴식을 취한 것 같나요?	

일상에서 문해력을 촉진하는 방법

2021년 EBS 〈당신의 문해력〉 프로그램 방영 이후, 문해력이 사회적으로도 큰 이슈가 되었습니다. 이전에도 문해력의 중요성을 알고 있었지만, 방송 이후로 문해력을 주제로 한 책이 서점 매대를 가득 채우고 있는 모습을 오랫동안 볼 수 있었습니다. 관련 전문가와 양육자에게는 문해력 성장이라는 과제가 주어진 상황이었지요.

문해력(literacy)의 사전적 의미는 '글을 읽고 이해하는 능력'입니다. 반면 교육 현장에서 말하는 문해력은 '읽고 쓰는 능력'으로 여겨지지요. 《문해력 유치원》의 대표 저자인 최나야 교수는 문해력의 의미를 '문자와 글에 대한 이해를 바탕으로 읽고 쓰는 능력'이라고 말합니다. 최근에는 단순히 글을 읽고 쓸 줄 아는 것에 그치지 않고, '사회를 살아가는 한 개인으로서 역할을 해낼 수 있는 능력'까지를 포괄합니다.

문해력을 일상에 적용해 본다면 새로 출시된 디지털 기기를 처음 사용하는 경우를 생각할 수 있어요. 기기의 사용 설명서를 읽고 난 후에, 알고 있는 지식을 활용하여 설명서를 해석하고, 기기를 적절하게 사용하는 것도 이에 속할 수 있지요. 최근에는 글보다 영상으로 제작된 설명이 더욱 많아지고 있지만 일상에서 안내문, 표지판, 명세서, 그 외의 서류를 읽고 이해하기 위해서는 문해력 기반이 튼튼해야 합니다.

이전에는 문해력을 취학 이후 아이들만을 위한 과제로 여겼지만, 문해력을 배우는 대상 또한 더욱 확장되고 있습니다. '어른의 문해력'을 다룬 온라인 강의나 책은 꾸준히 수요가 있고, 더불어 '유아 문해력'에 대한 중요성도 대두되고 있어요. 서점이나 유아 교육 시장의 유아 교재나 그림책을 홍보하는 문구에서도 '문해력'이라는 단어를 더욱 자주 보게 됩니다.

그렇다면 문해력의 출발점은 어느 시기부터일까요? 문해력은 '듣기'와 '말하기'에서 시작됩니다. 더 가까운 시작점을 찾는다면 문해력은 '듣기'에서 출발하지요. 이 책에서 다루고자 하는 이야기와 사뭇 거리가 먼 듯 느껴질 수도 있지만, 문해력은 학령기만의 과제가 아니에요. 가정 안에서 아이가 엄마의 말에 주의를 기울이고, 함께 책을 읽고, 일상에서 풍성한 대화를 나누는 과정이 쌓여서 문해력의 기반이 될 수 있습니다.

1. 문해력 향상을 위한 듣기 연습

- 말하는 상대방(대화 상대자)의 말에 주의를 기울일 수 있도록 유도해 주세요. 아이가 성장하면서 타인과 유연하게 대화하고, 또래와 관계를 맺는 능력의 기초가 될 수 있습니다.
- 상대방의 말을 듣고 간단한 지시를 따르거나(예: 심부름) 기억하는 활동을 해보세요. 취학 이후에도 선생님의 이야기에 귀를 기울이는 학습의 근육을 만들 수 있어요.
- 일상에서 자연스럽게 많은 단어를 들려주세요. 아이의 어휘목록을 가득 채워주세요. 많은 단어를 알고 있을수록, 이후 책을 읽을 때도 더 쉽게 이해하고 유창하게 읽는 기반이 됩니다. 그림책 읽기를 통해 일상에서 채우지 못한 단어 목록을 더욱 알차게 채울 수 있습니다.

2. 문해력 향상을 위한 말하기 연습

- 아이의 발음이 부정확하더라도 아이의 말을 끝까지 들어주세요. 듣고 난 후, 정확한 발음을 들려주세요. 이를 통해 아이는 스스로 발음을 수정하는 시간을 갖습니다. 정확한 발음은 이후 정확하게 읽는 능력과도 연결됩니다.

• 아이가 즉각적으로 단어를 말하지 않더라도 귀를 기울여 들어주세요. 상대방이 자신의 이야기를 듣는 모습을 통해 '듣는(청자의) 자세'를 배워갑니다.

• 아이가 긴 문장으로 유창하고 세련되게 말하기 위해서는 여러 단어와 짧은 문장으로 말하는 경험을 쌓아야 합니다. 말하기 능력은 이후 쓰기 능력과 연결됩니다.

문해력의 성장과 함께 생각해야 할 또 한 가지는 '소통능력'입니다. 알고 있는 단어를 상황에 맞지 않게 사용하거나 상대방을 배려하지 않는 말로 공격한다면 어떨까요? 한 집단에서 구성원으로서 역할을 하는 데 지장이 생길 수 있을 거예요. 또래와 대화할 때도 처음에는 서툴지만 친구를 배려하며 소통하는 능력을 길러야 합니다.

이러한 능력은 책으로 배우기에 한계가 있습니다. 가정에서 엄마와 아빠가 대화하는 모습, 부모님이 우연히 마주친 이웃과 나누는 대화, 어린이집 선생님과의 대화, 그리고 지역사회에서 소통하는 모습 모두가 대화의 본보기가 될 수 있어요.

'아이가 지금 말도 잘하지 못하는데, 문해력은 또 어떻게 키워줘야 하지?', '지금부터 아이에게 책을 읽어주며 학습시켜야 할까?', '옆집 아이는 벌써 한글에 관심을 보인다고 하는데, 우리 애는 너무 관심이 없는 것 아닌가?' 이러한 고민을 하고 계셨다면, 당장 아이의 눈부터 마주해 보세요. 눈을 마주하며 대화하는 시간만으로도 충분히 문해력의 자원이 채워지고 있습니다.

4

차근차근
말자극 수업을 시작합니다

우리 아이 말문을 틔우는 일곱 가지 기술

테스트하지 말고 즐겁게 말하는 것이 핵심

4장에서는 아이가 언어발달을 이루는 모든 시기에 적용되는 일곱 가지 말문 틔우는 기술을 안내합니다. '이미 일상에서 나도 모르게 실천하고 있는' 항목을 발견하실 수 있을 거예요. '무엇을 해야만 한다'라는 부담감을 내려놓고 가볍고 편안한 마음으로 살펴봅시다.

우리 아이 말문을 틔우는 일곱 가지 기술

1. 아이를 바라보며 천천히, 부드럽게, 반복해서 말해요

- 대화를 시작할 때는 아이의 이름을 부르며 아이의 눈을 바라보세

요. '엄마는 너에게 말을 건네고 싶어! 사랑을 표현하고 싶어.' 이 마음을 전달해 주세요.

• 아이는 빠른 속도의 말보다 운율이 있는 말을 더 잘 이해할 수 있어요. 모든 말에 운율을 담는 것은 어려울 거예요. 그렇다면, 말의 속도를 천천히, 부드럽게 조절해서 들려주세요. 천천히 부드럽게 전달하는 말을 통하여 아이는 단어의 의미를 더 쉽게 이해합니다. 반복은 언어뿐 아니라 모든 학습에 있어 가장 유용한 방법이에요. 아이는 반복되는 엄마의 말을 들으며 말의 자원을 쌓아갑니다.

2. '이게 뭐야?', '따라서 말해봐' 묻고 지시하는 대신에, 아이에게 듣고 싶은 말을 엄마가 먼저 들려주세요

• 24개월 미만의 아이도 엄마가 교감하기 위해 시도하는 대화를 더욱 선호합니다. 어린아이도 자기가 테스트를 받고 있다는 것을 민감하게 느낄 수 있어요.

• 대화를 시도할 때, 아기에게 듣고자 하는 말을 먼저 들려주세요. 예를 들어, "딸기"를 가리키며, "이게 뭐야?" 묻는 대신, "이건 딸기네! 빨간 딸-기!"와 같이 들려주세요.

• 아이는 엄마와 즐거운 상호작용을 통하여 말하는 동기를 얻습니다. '말은 재미있는 거야! 즐거운 거야! 엄마의 사랑을 느낄 수 있어!' 느끼는 경험을 만들어 주세요.

3. 아이가 현재 보고 있는 것, 현재 일어나는 상황 속 단어를 들려주세요

• 아이는 '지금, 여기에서, 보이는' 단어를 더욱 잘 기억합니다. 신발을 신을 때 "신어", 컵에 물을 따를 때 "따라", 장난감을 통에 담을 때 "담아" 이렇게 말해주세요.

• 아이가 생활에서 경험한 단어는 실물카드(예: 사진)로 마주했을 때도 더 쉽게 연결하고 이해할 수 있어요(예: '컵' 사진을 보여주며 "이거 어디 있지?" 질문하면, 아이가 컵을 가지고 올 수 있어요).

• 역할놀이는 가상의 상황에서 다양한 표현을 익히는 데 도움이 됩니다. 학습이 아닌 놀이를 통하여 단어를 생생하게 배울 수 있어요.

4. 아이가 엄마의 말에 어떻게 반응하는지 세심하게 관찰해요

• 아이와 소통하는 데 있어서 아이를 관찰하는 시간은 말을 들려주는 시간만큼 중요합니다. 아이의 반응에 따라 들려주는 말, 억양, 분위기가 달라질 수 있기 때문이에요.

• 엄마가 말을 들려주었을 때, 아이의 눈은 어디로 향하는지, 어떠한 몸짓이나 말소리로 반응하는지 살펴보세요.

• 아이가 엄마의 말에 말로 반응을 보이지 않아도 괜찮아요. 아이는 몸짓으로, 표정으로, 감정을 담은 소리로 엄마에게 반응하고 있답니다.

5. 아이는 주인공, 엄마는 방청객입니다

• 아이에게 말을 들려줄 때의 주체는 엄마지만, 상호작용의 주인공

은 바로 '아이'입니다. 아이의 몸짓과 말에 적극적으로 호응해 주세요.

• 엄마는 방청객이 되어주세요. 자기가 한 말이 지지받는 경험이 쌓여서, 아이가 말하고자 하는 동기가 됩니다.

• 반응해 주는 엄마, 경청하는 엄마, 기다려 주는 엄마의 모습을 보며 아이도 매너를 갖춘 대화 상대자가 될 수 있어요.

6. 아이에게 엄마와 의사소통하는 과정이 즐겁다는 경험을 만들어 주세요

• 아이에게 대화는 테스트나 점검이 아닌, 즐거운 시간으로 기억되어야 합니다. 아이가 좋아하는 것, 아이가 관심을 보이는 것에서부터 대화해 보세요.

• 아이 발음이 정확하지 않다면 정확한 단어를 한 번 더 들려주세요. 가정은 아이가 편안한 마음으로 마음껏 말소리를 낼 수 있는 공간입니다.

• 노래와 율동은 아이에게 의사소통의 즐거움을 알려주는 유용한 도구예요. 아이의 동작을 엄마가 모방하고, 엄마의 동작을 아이가 모방하며 즐거운 분위기를 북돋워 주세요.

7. 아이의 말이 눈에 띄게 늘지 않을 수도 있어요. 조급하고 불안한 마음보다 엄마 스스로를 격려해 주세요

• 아이에게 말을 건네는 시간이 쉽지만은 않지요. 때때로 아이가

반응을 보이지 않으면 엄마도 지칠 수 있어요. 그렇더라도 아이는 겉으로 보이는 것보다 엄마의 말에 귀를 기울일 때가 더 많답니다. 엄마 스스로 '잘했어! 어제보다 아이가 이런 반응을 더 보였어!' 격려하는 메시지를 보내주세요.

• 아이는 엄마와 함께 있다는 것만으로 세상 그 무엇과도 대체할 수 없는 행복함을 느끼고 있답니다!

이제부터 각 시기별 언어발달을 돕는 방법을 살펴보겠습니다. 언어발달을 촉진하는 위해서는 언어발달 각 과정을 특정한 구간으로 나누고 한정 짓는 것이 아니라, 자연스럽게 연결하는 것이 중요합니다. 돌 이전 아이의 언어발달을 촉진하는 방법이 돌 이후, 24개월 무렵의 아이에게도 적용될 수 있어요. 상황에 적절한 말을 보다 효율적으로 영양가 있게 들려주는 방법을 안내하겠습니다.

엄마는 아이가 걷는 속도와 방향에 맞게 곁에서 함께하는 조력자가 되어주세요. 함께 걷다가 아이가 넘어지면, 아이를 일으켜 세워주고 따뜻하게 안아주세요. 목표에 다다르는 속도보다 중요한 것은 아이와 함께 머무르는 시간과 온기입니다.

0~12개월: 듣는 기쁨과 소리 내는 즐거움을 자극해요

아이가 의사소통을 시도하는 모습에 집중합니다

이 시기에는 아이의 안전이 가장 중요합니다. 엄마도 신체적으로나 사회적으로나 인생에서 큰 변화를 맞이하고 적응하기 위해 고군분투하는 시기지요. 아이가 6개월 무렵까지는 엄마의 몸과 마음을 회복하고 적응하기에도 빠듯합니다. 아이에게 언어 자극을 주기보다 배고픔을 비롯한 여러 욕구에 반응하는 데만도 바쁜 하루를 보내지요.

12개월 이전의 아이는 소리를 듣고 다양한 소리를 내는 것을 즐깁니다. 아이가 내는 울음, 웃음, 옹알이에 귀를 기울여 주세요. 아직 초보인 엄마로서는 아이에게 특정한 자극을 주는 일이 어색하게 느껴질 수 있어요. 아이에게 노래를 불러주거나, 아이의 욕구를 읽는 연습부터 시작하세요.

돌에 가까울수록, 엄마의 귀는 아이가 단어를 산출하는지 여부에 집중되는 경우가 많습니다. 아이는 옹알이하면서 같은 자음을 연속적으로 산출하고, 우리 말소리의 경우 /음-마/ → /엄-마/, /빠빠/ → /아-빠/의 형태를 갖추어 가지요(아이가 '엄마'를 먼저 말했는지, '아빠'를 먼저 말했는지를 유심히 들어보는 시기이기도 합니다).

운동신경이 발달하지 않아서 움직임이 서툰 시기인 만큼, 아이가 의사소통을 제안하는 신호에 민감하게 반응해야 합니다. 이 시기에 듣고 소리내는 것을 즐기는 경험이 '단어'를 익히는 데 중요한 단서가 됩니다.

수용언어를 키워요

① 엄마와 아빠의 목소리를 부드럽고 나긋하게 들려주세요

아이는 엄마의 뱃속에서 들었던 엄마의 목소리를 익숙하게 느낍니다. 다른 소리에 비해 더 반응하는 모습을 보여요. 아이 이름을 갑작스럽게 큰 소리로 부르기보다, 아이를 부드럽게 부르며 상호작용의 문을 두드려 주세요.

> 예 (아이의 이름을 부르며) "○○야~ 엄마 여기에 있어~!"
> (아이가 뒤를 돌아보면) "엄마 여기 있네!"

② 아이에게 말할 때, 운율을 넣어서 들려주세요

언어발달 연구에서는 12개월의 아이도 말의 억양을 통해 단어를 구별할 수 있다고 합니다. 운율이란 구체적으로는 '마치 노래하듯' 말하는 것을 의미해요. 모든 말에 노래하듯이 운율을 담을 수는 없지만, 아기에게 말을 걸 때에는 이렇게 해보세요.

말에 노래하듯 운율을 넣는 방법

1. 단어와 단어 사이에 1~2초의 시간 여유를 주기

예 "○○(아기이름)야." → (1~2초 쉬면서 아기의 반응을 기다린 후) → "까꿍~!"(아기를 바라보며 엄마의 눈을 살짝 가리고, 1~2초 후 다시 아기의 눈을 바라보기)

2. 엄마가 부르기 쉽고 익숙한 노래를 불러주기

아이가 '엄마와 교감하는 시간은 즐겁고 행복한 시간'이라는 것을 지속적으로 느낄 수 있도록 이끌어 주세요.

예 (아기의 몸을 부드럽게 만져주며) "눈은 어디 있나, 여~기"
(반짝반짝 율동을 함께 보여주며) "반짝반짝 작은 별"
(아빠 곰과 엄마 곰의 목소리를 달리해서) "곰 세 마리가 한 집에 있어, 아빠 곰, 엄마 곰, 애기 곰"

3. '어색하다'고 생각하지 말아요

12개월 이전의 아이는 엄마의 목소리를 듣는 시간 자체를 즐겁고 반갑게 느낍니다. 엄마는 존재 자체로 아이와 상호작용하는 데 큰 잠재력을 지니고 있다는 사실을 잊지 마세요.

예 아이가 웃을 때, 울 때, 몸을 움직일 때, "오구 오구~ 우리 ○○(아이 이름) 기분 좋아요~", "우리 ○○(아이 이름)~ 많이 슬펐어! 엄마가 달래 줄게~", "○○(아이 이름)~ 사랑해요~"와 같이 엄마의 마음을 전하세요.

③ 아이가 익숙하게 느끼는 단어를 천천히, 부드럽게, 반복해서 들려주세요

아이는 8~10개월 무렵부터 '단어'를 듣는 것에 관심을 보이기 시작합니다. 사물의 이름과 관련 단어를 말해주세요. 아이 곁에 있는 사물(예: '우유(병), 수건, 기저귀, 휴지, 아직 버리지 않았던 모빌 그림책)을 함께 보며 이름을 하나씩 들려주세요.

예 (아이가 물을 쏟았을 때) "아쿠! 물 쏟았네! 괜찮아. 수건으로 닦자."

표현언어를 키워요

① 아기가 의사소통을 시도할 때, 의도를 읽어주세요

'의도'는 조금 더 쉽게 살펴보자면, '아기가 하고 싶은 것', '전하고자 하는 것', 그리고 '엄마와 함께 무언가를 하고 싶은 마음'을 의미해요. 서툴지만 아이는 자신의 의사소통 의도를 표현하고자

애쓰고 있어요.

> 예 아이가 우유를 가리키며 "어어"라고 말했다면, "맘마! 우유! 우유 주세요?" 또는 "배가 고프구나. 우유 줄게!"라고 말해주세요.

②아이의 말(소리)을 따라 말해요

입술소리(예: /ㅁ, ㅂ, ㅍ/)가 포함된 음절(예: 마마, 빠빠, 파파 등)은 아이가 소리 내기 쉬워요. 12개월 이전에도 아이는 정확한 단어로 표현하기 위한 준비를 하고 있어요. 다시 말해 아이만의 말을 하고 있답니다.

특히, 자음을 명확히 들려줄수록 아이가 잘 들을 수 있어요. '맘마, 엄마/아빠, 물, 빠방, 까까, 나비, 바나나'와 같이 말하기 쉬운 자음이 포함된 단어를 자연스럽게 들려주세요. 엄마의 입 모양을 함께 보여주면 아이가 쉽게 따라 할 수 있어요.

> 예 아이가 '아바'라고 말했다면, 엄마도 "아-바" 이렇게 운율을 다시 들려주세요. 더 나아가 아빠를 가리키며 '아-빠'라고 말해주세요.

③ 아이의 의사소통 시도에 즉각적으로 반응해요

아이가 의사소통을 시도하는 데 있어 가장 적극적인 방청객이 되어주세요. 이 무렵 아이들은 소통을 하기 위한 잠재력을 쌓아가는 중이랍니다. 다음 상황을 함께 살펴볼까요?

돌 무렵의 아이와 함께 놀이해요: 의사소통 의도에 반응하기

	아이의 의도와 표현	엄마의 반응
악기 장난감 (핑크퐁 악기 세트)	(북을 가리키며) "엄마! 이거!"	"북이네~ 둥둥! 엄마랑 같이 해볼까?"
	(북 안에 악기 장난감이 담겨 있는 경우) "엄마, 여어(열어)"	"열어~ 열어줄게! 무엇이 있을까? 꺼내 보자."
도형 넣기 (피셔프라이스 영유아용 블록 도형 맞추기)	(도형 상자를 가리키며) "엄마, 이거!"	"우와~재미있겠다. 열어? 열어 줘?"
	도형을 하나씩 집으며 넣으려고 할 때	(도형 이름을 말해주며) "동그라미네. 동그라미 넣어."
	아이가 알맞게 넣었을 때	"우와! 들어갔다. 쏘옥~ 정말 잘했어!"
링 쌓기/ 고리 끼우기 (케이크 아기링쌓기)	아이가 고리 넣기를 시도할 때	(아이가 스스로 넣을 때까지 기다리며) "넣어, 고리 넣자!"
	아이가 고리를 엄마에게 주며 도움을 요청할 때	(아이의 손을 잡고 함께 넣어 보며) "도와줘? 도와줄게. 여기에 넣자. 짜잔!"
컵 쌓기 (레드박스 컵쌓기놀이)	아이가 컵 쌓기를 스스로 시도할 때	"올려, 컵 올려, 높~이"
	쌓았던 컵이 무너졌을 때	(아이를 안아주며) "와르르~ 컵이 무너졌네~"
타워놀이 (오즈토이 몽키 공굴리기)	원숭이 입에 공을 넣을 때	"원숭이네. 입에 공 넣어. 공 넣~자 (또는 '공 먹어!')"
	공이 내려갈 때	"데굴데굴~ 공 굴러가!"

- 본 표에는 특정 제품을 소개하기보다는 놀이의 소재가 되는 장난감을 안내했습니다. 아이의 의사소통 의도와 선호도에 따라 자유롭게 활용해 보세요. 돌 전후부터 24개월 이후에도 놀이를 확장하여 활용할 수 있어요.
- 엄마의 박수와 리액션은 아이와 놀이하는 데 있어서 맛있는 소스와도 같습니다. 아이의 몸짓과 손짓, 말에 반응해 주세요.

12~24개월: 친숙한 단어에 새로운 단어를 연결해요

단어 탐색을 시작하는 아이

세상에 대한 호기심이 많아지면서 아이의 움직임도 활발해집니다. 주변의 사물을 만져보고, 입에 물거나, 빨면서 탐색하는 모습을 보여요. 아이가 걷기 시작하면 엄마의 몸도 더욱 분주해집니다. 다치지 않도록 아이 곁에 항상 머물며 하루 대부분을 보내지요.

이 시기의 아이는 자신이 이해하고 있는 친숙한 단어에 더욱 활발하게 반응을 보여요. 눈에 보이는 사물의 이름과 관련된 단어(예: 동작어, 상태를 나타내는 말)를 이해할 수 있습니다. 예를 들어서, '모자를 쓰고 있는' 상황에서 '모자'와 '쓰다'라는 단어를 더 빠르게 이해할 수 있습니다.

아이는 다양한 사물을 접하고 관련 단어를 듣는 경험을 통하여 자기만의 단어 목록을 늘려갑니다. 엄마의 눈에 보이지 않지만 일상의 단어를 귀담아듣으며 아이만의 단어집을 탄탄하게 채워가는 거지요.

이해하는 단어의 수가 늘어나는 만큼, 표현도 활발하게 시도합니다. 엄마에게 더 많은 행동을 요구합니다. 엄마의 피로도가 높아질 수밖에 없지만, 이 시기에 적극적으로 아이의 요구에 반응하는 것이 중요해요. 이 과정을 통해, 아이와 이전보다 더 깊이 소통하고 있다는 보람을 느낄 수 있을 거예요.

수용언어를 키워요

① 친숙한 단어 먼저 들려주세요

아이는 '지금, 여기에서, 아이가 경험하고 있는' 단어일수록 더 빨리 이해할 수 있어요. 새로운 단어를 알려주고 싶은 엄마의 마음은 당연합니다. 그러나 아이의 흥미를 이끌기 위해서는, 아이가 알고 있는 단어(예: 가족의 명칭, 동물의 이름, 사물의 이름)를 먼저 들려주세요. 단어에 노래 조와 운율을 넣으면 자연스럽게 표현으로 이어질 수 있어요.

② 이해할 수 있는 단어에 새로운 단어를 붙여주세요

새로운 단어를 들려줄 때는, 아이가 알고 있는 단어에 붙여서 표현합니다. 반복해서 들려주되, 단어 테스트가 아닌, 단어를 알아가는 재미를 느끼는 시간으로 만들어 주세요.

> 예 (과일 모형을 자르며) "과일 잘라, 자르자!" → 아이가 기존에 알고 있는 단어
> (도마 위에 오이 모형을 올리며) "오이 잘라! 오이 썰어." → 새로운 단어

③ 짧고 간단한 문장을 반복해서 들려주세요

'반복'은 영유아 시기뿐 아니라 이후 모든 어휘력 발달의 근육이 됩니다. 문해력과도 연결되고요. 아이가 단어와 관련된 또 다른 단어(예: 양말+신어, 신발도+신어, 비오니까+장화+신어)를 더 빠르게 이해할 수 있어요. 엄마도 자극을 줄 때 새로운 단어에 대한 부담을 줄일 수 있지요.

새로운 언어를 배울 때 어른에게도 반복이 필요하듯이 아이에게도 반복적인 자극이 필요합니다. 아이가 이해할 수 있는 단어와 짧은 문장을 자주 들려주세요. 반복을 통하여 새로운 단어를 이해할 수 있는 능력도 함께 길러질 거예요.

> 예 같은 단어를 상황에 맞게 반복해서 들려줘요.
> → "그릇에 담아." → (장난감 정리할 때) "바구니에 담아, 통에 담아."

표현언어를 키워요

① 몸짓을 함께 사용해 주세요

베이비 사인(baby sign) 즉, 몸짓이란 원하는 사물을 표현하거나 자신의 요구를 표현하는 몸동작을 말합니다. 물을 마시고 싶을 때 물 마시는 흉내를 내거나, 원하는 물건이 있을 때 두 손을 모으고 '주세요' 동작으로 표현하는 것이지요. 연구자들은 12~24개월 중 베이비 사인을 배운 아이들이 배우지 않은 아이들보다 더 많은 단어를(대략 50개 정도) 습득했다고 보고합니다. 아이가 주의를 끌고, 자신의 요구나 자신이 알고 있는 정보를 몸짓으로 표현할수록, 말로 이어질 가능성이 높다고 합니다.

아이에게는 몸짓이 자신의 의사를 표현하는 강력한 수단입니다. 몸짓을 통하여 말할 때 더욱 흥을 느끼게 되지요. 몸짓은 아이가 대화 상대자의 주의를 이끌면서, 더욱 적극적인 상호작용을 할 수 있도록 돕는 촉매제가 되어줍니다.

② 의성어·의태어를 활용해 주세요

엄마의 말을 따라 하려고 시도하는 아이에게 재미있게 엄마 말을 모방하도록 이끄는 방법이 있습니다. 바로 의성어·의태어를 들려주는 것입니다. 아이와 자동차를 가지고 놀 때, 아이의 이를 닦아줄 때, 문을 두드릴 때, 의성어나 의태어에 음률을 넣어서 노래처럼 불러주면 아이의 주의를 쉽게 끌 수 있습니다. 아이는 의성어나 의태어를 들으며, 다양한 자음을 듣고 표현할 수 있지요. 엄마 혼자 말에 음률을 넣거나 노래를 부르기 어색할 수 있어요. 그럴 때는 아이가 좋아하는 동요를 함께 따라 불러보세요. 아이와 엄마만의 작은 무대가 만들어질 거예요.

상황	의성어·의태어
교통수단 장난감을 가지고 놀 때	부릉부릉, 빠방, 삐뽀삐뽀(소방차, 경찰차, 구급차), 칙칙폭폭(기차), 슈-웅(비행기)
이를 닦을 때/ 목욕할 때	치카치카, 쓱싹쓱싹, 뽀득, 뽀드득
동물 소리를 흉내 낼 때	꽥꽥, 음매, 삐약삐약, 꼬끼오, 깡충깡충

• 다양한 의성어와 의태어를 듣는 경험은 이후의 유아기·학령기 문해력의 기반이 됩니다. 특히, 우리 말소리를 듣는 풍성한 경험을 통하여 한글 소리와도 친숙해질 수 있어요.

③ 아이의 행동을 말로 표현해 주세요

아이의 의도와 행동을 짧은 문장으로 변환해 말해주세요. 때로는 아이가 우는 이유를 알지 못해서, 아이가 알 수 없는 행동을 반복하려고 해서 당황스러울 때도 있을 거예요. 그러나 엄마에게는 아이의 행동과 그 의도를 파악할 수 있는 능력이 있습니다.

아이가 곁에 있을 때 보이는 행동 하나하나를 관찰하며 엄마의 말로 표현해 주세요. 머리로는 이해하고 있지만, 실천하기는 막막할 수 있습니다. 다음 상황을 함께 살펴볼게요.

아이의 행동 읽어주기

1. 아이가 손으로 식탁 위에 있는 물병을 가리키거나 물병 쪽으로 가고 있는 상황

엄마: (아이를 보며) "우리 ○○(아이 이름), 목마르지?" → 1~2초 기다림

아이: (엄마를 바라보며 고개를 끄덕임)

엄마: (아이에게 물병을 건네며) "여기, 여기 물 있다!"

아이: (엄마에게 물병을 받고 뚜껑을 열려고 시도)

엄마: (1~2초 정도 더 기다렸다가) "안 열려? 뚜껑 열어?" → 1~2초 기다림

아이: (엄마를 바라보며 물병을 엄마에게 다시 줌)

엄마: (뚜껑을 열어주며) "열었네~ 뚜껑 열었다! 이제 물 마셔! 빨대도 있다!"

아이: (물을 마시고 있을 때)

엄마: "아이, 시원해~ 물 시원하지? 꿀꺽꿀꺽 맛있다!"

• 아이의 행동과 의사소통 의도를 읽어주고 난 후, 1~2초의 기다림을 가진 이유는 아이가 반응할 수 있는 기회를 더 주기 위해서입니다. 1~2초의 짧은 시간일 수 있지만, 아이가 이전과는 다른 반응과 표현을 하는 경우도 있답니다. 긴급한 상황(또는 촉박한 상황)이 아니라면, 짧은 틈을 만들어 보세요.

앞과 같이 아이 행동을 읽어주는 연습을 했다면, 아이가 주로 사용하는 의사소통 신호를 아래 표와 같이 기록해 보세요. 아이의 몸짓과 말에 어떤 의도가 담겨 있었는지 생각해 보는 과정이 중요합니다. 이를 통하여 아이가 일상에서 어떠한 것을 원하고 관심을 보이는지 파악할 수 있어요.

아이의 몸짓 또는 말	아이가 원하는 것	엄마의 반응 예시
뻥튀기를 가리키며 '까까'라고 말함	엄마가 뻥튀기를 자신에게 주는 것	① 아이에게 바로 뻥튀기를 준다. ② 아이가 더 많은 반응을 보이고, 표현을 할 수 있도록 1~2초 정도 기다린다. ③ 아이가 기다리기 어려움을 보인다면(예: 울거나 짜증을 냄), 엄마가 "과자 주세요"라고 말하며 뻥튀기를 준다.

24~36개월: 주제와 상황별로 단어를 늘려가요

이 시기의 아이는 더 많은 단어를 이해하고 표현하려고 시도합니다. 알고 있던 단어를 말하고 난 후, 엄마의 반응을 기대하며 기다리는 모습도 보이지요. 따로 가르친 적이 없던 단어를 이해하는 모습에 엄마는 보람을 느낍니다. '아이에게 더 많은 언어 자극을 주고 싶다'라는 의욕이 가장 커지는 시기예요.

때로는 또래 친구가 발달하는 모습 특히, 말하는 모습을 보면서 엄마의 마음이 조급해질 수 있어요. 아이는 더 많은 말로 표현하기 위해 땅을 다지는 작업을 하고 있는데, 이 모습이 엄마 눈에는 보이지 않을 때가 많습니다. 조급하다는 것을 느끼면서도 더 많은 말을 하기를 기대하게 되지요.

엄마 마음이 분주할수록, 아이 말을 촉진하기 위한 여러 가지 도구(예: 장난감, 교구, 책 등)를 검색합니다. 알고리즘이 제시하는 언어발달 정보를 보며 아이 상태를 점검하기도 하고요. 그러나 이 책에서 지속적으로 강조하는 것은 특별한 도구가 아니라 바로 '내 아이에게 집중하는 것'과 '엄마의 말'입니다. 아이의 속도에 맞춰서 적절한 말을 들려주세요.

아이의 언어발달 터전에 양분을 주고, 때에 맞게 물을 준 엄마의 노력으로 이만큼 아이가 자랐습니다. 이제 아이와 진하게 상호작용을 나누며, 말의 즐거움을 느끼도록 북돋워 볼까요?

수용언어를 키워요

① 놀이를 통해 아이가 이해하는 언어를 점검해요

놀이를 통해 아이가 이해하는 언어를 살펴보고 아이에게 더 들려주어야 할 단어를 파악해야 하는 시기입니다. 엄마가 말한 단어를 아이가 적절하게 가리키거나 정확한 반응을 보이는지 확인하고 나긋한 목소리로 다시 들려주세요.

테스트를 하는 대신, "눈은 어디 있나, 여~기!"와 같은 노래나 심부름 놀이를 통하여 아이가 일상에서 사용하는 물건, 신체 부위, 친숙한 사람을 이해하고 있는지 살펴보세요. 다음과 같은 놀이를 활용하시면 됩니다.

언어 파악하기 놀이를 해요

아이 주변에 양말, 옷, 과일 모형, 우유, 컵이 있는 경우 아래와 같이 놀이합니다.

1. 〈어디 있나〉 노래 부르기

엄마: (아이의 이름을 부르며) "○○야~ 엄마 봐봐~"

아이: (하던 놀이를 멈추고 엄마를 바라보기)

엄마: (엄마가 직접 양말을 가리키며) "양말은 어디 있나, 여~기, (엄마가 직접 우유를 가리키며) "우유는 어디 있나, 여~기, 컵은 어디에 있나~" → 아이의 반응 기다리기

아이: (컵을 가리키며) "여~기."

엄마: (아이 이름을 넣으며) "○○(이)는 어디 있을까!" → 아이의 반응 기다리기

아이: (자신을 가리키며) "여기!"

2. '주세요 놀이'

엄마: (아이의 이름을 부르며) "○○야~ 엄마 봐봐~"

아이: (엄마 바라보기)

엄마: (아이의 이름을 부르며) "○○야~ 양말 주세요! 양말 어디 있을까?"

아이: (양말을 가지고 오거나 가리키며) "얌마! 얌마!"

엄마: "맞아~ '양말'이야! → 정확한 발음으로 한번 더 들려주기 그

럼, 우유는 어디에 있을까? 엄마한테, 우유 주세요!"

아이: (우유를 가지고 오거나 가리키며) "우유! 우유야."

엄마: (아이를 칭찬하며) "우와~ 고맙습니다~ (마시는 시늉을 하며) 꿀꺽꿀꺽. 너무 맛있다. 엄마 다 마셨어!"

• 이 놀이는 아이가 지시를 따르는 것에 대한 거부감을 갖지 않도록 이끌어 주는 것이 필요합니다. 한꺼번에 많은 사물을 요구하기보다는 아이에게 친숙한 단어부터 두세 개를 선정해 '주세요' 놀이를 해보세요.

• 아이가 정확한 반응을 보일 경우, 칭찬과 함께 아이가 가지고 온 사물을 직접 신거나(양말), 마시거나(컵), 먹는(숟가락) 흉내도 내주세요. 사물의 기능과 관련된 단어를 확장해서 학습할 수 있어요.

② 사물의 이름+동작어, 사물의 이름+상태를 나타내는 말을 함께 들려주세요

예를 들어, '단어' 또는 '단어+단어'로 말해주세요. 아이가 들려주는 '단어+단어'를 이해할 수 있다면, 문법적인 장치도 함께 들려주세요(예: '은, 는, 이, 가'). 아이가 이해하고 있는 단어로부터 시작한다면 더욱 수월하게 문장으로 만들어갈 수 있답니다. 일상에서 들려주거나 그림책을 함께 읽으며 다양한 단어를 들려줄 수 있어요.

사물의 이름과 표현을 들려줘요

주방 놀이를 하는 상황에서

1. 사물의 이름+동작어

엄마: (아이의 이름을 부르며) "○○야~ 여기 당근 있어."

아이: (당근을 가리키며) "당근이야." (당근을 자르려고 시도)

엄마: (아이의 행동을 읽어주며) "당근+잘라. 칼로+자르자."

아이: (자르지 못한 당근을 엄마에게 주며) "안 돼. 당근 안 돼."

엄마: "엄마가 도와줄게. 칼로+싹뚝+잘랐어. 엄마가 잘랐어."

아이: (접시를 엄마에게 내밀며) "여기에 놔."

엄마: "그래! 접시에+담자. 당근+접시에+놓자."

2. 사물의 이름+상태를 나타내는 말

엄마: (아이의 이름을 부르며) "○○야~ 여기 바나나도 있어."

아이: "이거 바나나야."

엄마: "맞아. 바나나는+길-지? 노란색 바나나는+길어."

아이: "바나나는 길어."

엄마: "응, 바나나는 길-지. (오이를 들며) 그럼 오이는 어때?"

아이: "이거는 오이야."

엄마: "응, 맞아. 초록색 오이! 오이도? (반복하며) 오이도 길-어."

아이: "오이도 길어. 바나나도 길어."

엄마: "응, 바나나랑(연결하는 장치) 오이는 길-어!"

③ '범주(주제)'별로 단어를 묶어서 정리해 보세요

아이에게 단어 자극을 주고자 하는 마음은 앞서지만, 일상생활에서 적절한 단어가 떠오르지 않을 때가 있어요. 이러한 경우를 대비해서, 각 상황(주제)마다 자주 사용하는 단어를 묶어서 정리해 보세요. 아이의 단어 이해 능력을 폭발적으로 성장시킬 수 있습니다.

주제별 단어를 모아요

• 주제별 단어는 다른 주제의 단어와 서로 맞물려서 중복될 수 있어요. 상황에 어울리는 적절한 단어를 사용해 보세요.

• 그림책 안에는 주제별 단어와 다양한 표현이 담겨 있어요. 더 많은 단어를 모으고 싶다면, 아이와 함께 그림책 읽는 시간을 마련해 보세요.

• 입는 것: '(색이름)+티셔츠, 바지, 모자, 우비, 신발, 구두, 장화', 신다/작다, 크다/작다, (옷이) 맞다/어울린다, 시원하다/따뜻하다

• 먹는 것과 도구: (과일/채소/밥/간식 이름)+먹다, 끓이다/볶다, 그릇에/접시에+담다, (음식이) 뜨겁다/차갑다, 맛있다/맵다/짜다/달다/고소하다, 배고프다/배부르다

• 목욕: 욕조, 비누, 거품, 문지르다, (눈/코/얼굴/팔/다리/배/엉덩이/발)+닦다, (물이) 뜨겁다/차갑다, (욕조에)+들어가다, 물+틀다, 더럽

다/깨끗하다

표현언어를 키워요

① 끝까지 말하도록 차분하게 기다려 주세요

아이가 단어와 단어를 합쳐서(연결해서) 말하기까지 시간이 걸리더라도 기다려 주세요. 아이는 적절한 단어를 떠올리고, 말하고, 또 다른 단어와 연결하기 위해서 애쓰고 있어요. 엄마의 눈에 보이는 것보다 더욱 고군분투하고 있지요. 아이의 말이 끝날 때까지 차분하게 기다려 주세요.

아이의 말을 기다려요

산책을 하는 상황에서

1. 좋은 예

아이: (까치를 가리키며) "까까야~ 까까. 까까 안녕!"

엄마: "우리, 같이 인사해볼까? 까치야, 안녕!"

아이: "까까야, 안녕! (나무를 가리키며) 나무 안녕!"

엄마: "나무야, 안녕! 우와, 저기 하늘 봐! 비행기다!"

아이: "비앵이(비행기)야, 안녕! (손가락으로 개미를 가리키며) 어어!

어어야!"

엄마: (개미에 함께 집중하며) "우와~ 이게 뭐지?" → 기다리기

아이: (생각하며) "개미야. 개미야, 안녕!"

엄마: (기다린 후) "맞아, 개미네! 엄마도 인사해야지. 개미야, 안녕!"

2. 좋지 않은 예: 아이가 말할 때 끼어들기

아이: (손가락으로 개미를 가리키며) "어어! 어어야!"

엄마: "어? 이게 뭐지?"

아이: "이거 애… "

엄마: (아이의 말과 겹치며) "개미지? 이거 개미지?"

· 아이의 의사소통 의도를 말로 읽어주는 것은 효과적인 언어촉진 방법이에요. 단, 아이가 말을 시작하거나, 단어를 떠올리는 중에 아이의 말에 끼어드는 행동으로 인해 아이가 말하고자 하는 동기가 줄어들 수 있어요.

아이의 표현이 어색하거나 매끄럽지 않다면, 엄마가 수정해서 다시 들려주세요. 끝까지 아이의 말을 듣고 난 후, "그랬구나. 엄마가 잘 들었어." 이렇게 반응한 후, 수정한 말을 들려주세요. 예를 들어서, 아이가 나무의 개미를 보며 "나무 개미야. 개미 오아가(올라가)"라고 말했다면, "정말 그렇구나! 개미가+나무에 있네. 나무 위로 올라-간다!" 이렇게 수정해서 다시 들려주는 거지요.

아이의 말을 끝까지 기다리는 일이 쉽지 않을 수 있습니다. 특히, 등원 준비를 할 때처럼 바쁜 상황에서는 더욱 어렵지요. 긴급한 상황이 아니라면, 아이가 좋아하는 놀이 안에서 아이의 말 무대를 만들어 주세요. 아이의 말에 관심을 기울이는 엄마의 모습은 아이에게 올바른 청자의 모델링이 된답니다.

② 정확한 발음으로 다시 말해주세요

24~36개월 무렵은 정확한 발음을 산출하는 데 어려움을 보여요. 길이가 긴 단어(예: 할아버지)를 줄여서 발음하거나(예: 할부지), 쉬운 발음으로 바꾸어 말하기도 합니다(예: 양말 → 얌마, 감자 → 간자).

아이에게 정확한 발음으로 다시 들려주세요. 앞서 다루었던 방법을 그대로 적용해 보세요. '천천히, 부드럽게' 운율을 넣어주면 아이가 정확한 발음을 더 재미있게 듣고 기억할 수 있어요. 함께 그림책을 읽는 시간 또한 정확한 발음을 들을 수 있는 최적의 시간이 됩니다.

36개월 이전 아이 발음, 이렇게 촉진해요

1. 아이가 아래와 같이 단어를 산출하는 모습을 볼 수 있어요. 특히, 말의 속도가 빠를 때 발음이 부정확하게 들릴 수 있습니다.

- 아이가 일관성 없이 단어를 말하는 경우(예: '나무' → /마무/, /나누/, /아무/)

- 아이가 자음을 생략하는 경우(예: '물' → /무/, '오리' → /오이/)
- 아이가 단어를 줄여서(축약해서) 발음하는 경우 (예: '할머니' → /함니/, '미끄럼틀' → /미끄엄/)
- 아이가 발음하기 편리한 대로 발음하는 경우(예: '침대' → /친대/, '양말' → /얌마/)

2. 36개월 이전은 산출할 수 있는 자음과 단어가 제한적일 수 있습니다. 새로운 단어의 경우, 발음이 더 부정확할 수 있어요.

3. 말의 속도를 조절해서 부드럽게 단어를 들려주세요. 알고 있는 단어를 부정확하게 산출했더라도, 다시 정확하게 들려주세요. 엄마의 입 모양도 함께 보여주세요.

4. 단어를 익힐 때 반복이 중요하듯이, 정확한 발음으로 말하는 과정 또한 반복이 중요합니다. 반복할 때도 끊어서 단조롭게 말하기보다 부드럽고 유연하게 들려주세요.

예 아이가 "엄마, 함니디베(할머니 집에) 가고 티퍼." 이렇게 말했다면, "할머니- 집에- 가고- 싶어?" 부드럽게 다시 한 번 들려주세요.

③ 아이의 감정을 읽어주세요

이 시기의 아이는 '좋다/싫다' 외의 다른 말로 자신의 감정을 표현하는 것에 어려움을 보여요. 아이가 떼를 쓰거나 울음을 지속하는 모습을 보이면, 엄마는 당황스러운 마음이 듭니다. 침착하게 아이의 마음을 살필 겨를이 없지요.

엄마가 곁에서 아이의 감정을 구체적인 단어로 표현해 주는 것은 아이의 정서와 사회성 발달에도 도움이 됩니다. 나의 감정을 잘 이해할수록 타인의 감정을 이해하는 힘이 길러질 수 있어요. 살아있는 사회성 공부를 가정에서 진행할 수 있습니다.

아이에게 엄마의 감정도 자주 전해주세요. 온 가족이 편안하게 감정을 표현하는 분위기를 조성해 주세요. 엄마가 아이 마음에 공감하는 말을 전한다면, 아이도 몸짓이나 억양으로 감정을 표현하는 행동이 줄어들 거예요.

감정을 표현하는 단어

- 기쁠 때: 행복해, 기뻐, 즐거워, 재미있어, 사랑해
- 슬플 때: 속상해, 슬퍼, 아파, 미안해
- 화날 때: 화 나, 질투 나, 심술 나
- 그 외: 놀랐어, 심심해, 지루해, 피곤해

- '안녕, 네/아니요, 고마워, 사랑해'와 같은 사회적인 표현을 자주 들려주세요.

다음은 아이의 말 기록지입니다. 아이가 한 말을 기록하면서 어떤 새로운 말을 하는지, 이후 어떤 자극을 주어야 할지 쉽게 파악할 수 있어요.

우리 아이 말 기록지

날짜	상황	엄마의 말	아이의 말
3/20	등원 준비할 때, 양말을 신을 차례	"양말 가져와. 양말 어디 있지?"	(손가락으로 서랍을 가리키며) "저기"
느낀 점/ 코멘트	'서랍' 또는 '서랍에서 꺼내'라고 말해주기		

• 직접 기록해 보세요!

날짜	상황	엄마의 말	아이의 말
느낀 점/ 코멘트			

날짜	상황	엄마의 말	아이의 말
느낀 점/ 코멘트			

월　　주	아이의 말
명사(사물의 이름)	
동작어	
상태를 나타내는 말	
이번 주의 긴 문장	

36~48개월: 상황에 맞는 문장으로 말해요

이 시기에는 아이가 표현하는 말의 길이가 더욱 길어집니다. 문장의 길이는 아이마다 개인차가 있지만, 엄마는 아이와 대화를 주고받는 빈도가 높아지면서 뿌듯함도 함께 느낍니다. 아이는 자기 주도성이 더욱 커집니다. 엄마의 도움 없이 스스로 자기 일을 시도하는 모습도 자주 보이지요(예: 옷 입기, 신발 신기, 뚜껑 열기 등).

엄마는 자신도 모르게 아이 말을 이끌어내기 위해 질문하게 됩니다. 아이의 지식을 점검해 보고 싶은 마음도 들고요. 아이의 말이 또래보다 길이가 짧다고 느껴지거나 단순한 대답만 하는 모습을 보면 답답한 마음이 들기도 합니다.

아이가 36개월이 지나면서 엄마는 학습 영역에도 관심을 기울입니다. 놀이가 중요하다는 것은 알고 있지만, 인지 발달도 신경 쓰지 않을 수 없지요. 진부한 이야기로 여겨질 수 있지만, 아이는 '놀이'를 통해 자라납니다. 놀이는 단어를 배울 수 있는 교과서이자 사회성 수업입니다. 무엇보다 아이에게 즐거운 기억을 남기지요.

수용언어를 키워요

① 다양한 어휘와 표현을 배우는 놀이를 시작해요

역할놀이는 다양한 상황에서 사용할 수 있는 표현을 자연스럽게 접하는 의사소통 교과서입니다. 앞서 함께 살펴봤던 사물의 이름, 동작어, 상태를 나타내는 말, 그리고 사회적 표현까지 한 공간에서 실제적이고 재미있게 배울 수 있어요.

역할놀이도 다른 놀이와 마찬가지로 '아이가 주도하는' 놀이가 되어야 합니다. 엄마가 먼저 병원놀이 장난감을 제시할 수는 있지만, 아이가 하고 싶은 놀이를 따라가 주세요. 역할놀이를 할 때, 하나의 상황과 놀이로 한정 짓기보다 마음껏 확장해 봅니다(예: 병원놀이를 하다가 집에 돌아오는 길에 장을 보러 마트로 가는 상황 놀이로 연결).

놀이로 배워요

놀이	듣고, 이해하고, 표현해요.
병원놀이	· "어디가 아파요?", "어디가 불편하세요?" · "'아~' 해보세요." · "선생님, OO(아픈 신체 부위)가 아파요."

병원놀이	· "코가 막혀요/기침이 나와요/콧물이 나와요/열이 나요." · "목이 많이 부었네요." · "예방접종 하러 오셨나요?" · "진료실로 들어가세요." · "잠시만 기다려 주세요." · "처방전 여기 있어요."
마트 놀이	· "우유/바나나/치즈/주스/과자/(그 외 아이가 좋아하는 것)는 어디에 있나요?" · "우유는 얼마인가요?" · "카트에 담자." · "계산대는 어디로 가면 되나요?" · "카드로 계산할게요." · "봉투 필요하신가요?" · "주차하셨나요?"
주방 놀이	· "무엇을 만들까?" · "어떤 채소/과일/재료가 필요해?" · "냄비/그릇/접시/컵/도마/국자/칼/후라이팬이 필요해." · "뜨거우니까/위험하니까 조심해." · "냉장고에 있어. 냉장고에서 꺼내."
소방관 놀이	· "여기, 불이 났어요. 빨리 와주세요." · "거기가 어디인가요?" · "여기 ○○ 아파트 앞이에요." · "지금 출동하겠습니다." · "빨리 와주세요."

1. 표 안의 대화 예시는 일상에서 자주 듣는 말이에요. 아이가 그대로 모방하기보다, 자연스러운 상황(맥락)을 이해하는 것이 중요해요.

2. 역할은 아이가 정해요. "엄마가 의사 역할 맡을게, 너는 환자 해." 권하기보다, "○○(아이 이름)이는 어떤 역할(또는 누구) 하고 싶어?" 아이에게 먼저 물어보세요.

3. 아이가 생각해 낸 새로운 표현에 귀 기울여 주세요. 아이가 상황에 어울리지 않는 엉뚱한 이야기를 하더라도, 지적하기보다 아이 말의 의도를 생각해 보세요.

② 아이의 일상에 말의 재료가 담겨 있어요

36개월 무렵은 아이의 호기심이 폭발하는 시기로 엄마는 끊임없이 "왜?"라는 질문을 마주하게 됩니다. 아이 눈에도 이전에는 주의 깊게 보지 않았던 날씨(예: 비, 눈, 바람, 번개), 계절의 변화, 주변의 동식물이 들어오기 시작합니다. 등하원길에 보았던 꽃, 나무, 열매와 같이 특별하게 여기지 않고 지나쳤던 사물이 눈에 들어오지요.

저의 아이가 이 시기를 지날 때, 더 많은 교구와 책을 구비해야 할 것 같은 부담을 갖곤 했습니다. 고민 끝에 구매한 교구가 아이의 흥미를 이끌었던 적도 있었고, 한두 번 만져보다가 교구장으로 옮겨진 교구도 있었지요. 물성이 느껴지는 교구가 주는 장점이 분명 있지만, 일상에 흩어진 말의 자원을 활용하는 것이 더 효율적이라는 생각을 많이 했습니다. 교구에 의지하기보다는 아이와 자연스럽게 대화하는 데 더 집중해 보세요. 다음은 대한민국에서 아이를 키우는 분들이라면 누구나 마주하는 등하원길 대화 상황입니다.

등하원길에 대화 나누기

일상	대화 소재: 자연과 환경
등하원길	· "꽃이 피었네. ○○(꽃의 색깔)색 꽃이야." · "이제 봄이 와서 꽃이 피었어." · "날씨가 너무 더워서 목이 마르네." · "구름이 너무 예쁘다. ○○ 모양이야." · "저기 강아지 봐! 옷도 입었어." · "오늘은 비가 오니까, 우산 쓰고 가자." · "어린이집에서 뭐 하고 싶어?"

등하원길은 새로운 재료를 발견할 수 있는 좋은 대화 장소입니다. 아이에게 많이 들려줄수록, 엄마도 더 많은 대화 자원을 발견할 수 있어요. 이 과정을 반복하다 보면, 아이가 대화를 주도하는 모습을 발견할 수 있답니다.

③ 엄마의 이야기를 먼저 들려주세요

아이에게 "오늘 어린이집에서 뭐 했어?", "오늘 하루 기분이 어땠어?" 질문하기 전에, 엄마의 일상을 먼저 들려주세요. 특별한 이벤트가 아니더라도, 엄마의 점심 메뉴, 낮에 아이와 함께한 놀이, 엄마의 기분을 짧게 나눠보세요. 엄마에게는 평범한 일상이지만, 아이에게는 엄마가 들려주는 특별하고 재미있는 이야기일 수 있답니다.

특별히 나눌 소재를 찾기 어렵다면, 자기 전이나 아이의 컨디션이 좋을 때 함께 그림책을 읽어보세요. 그림책 속 등장인물, 배경, 사건을 함께 보며 관련 주제를 확장하여 이야기를 들려줄 수 있습니다. 36~48개월 무렵은 주의집중 시간이 이전보다 길어지고, 사건의 순서나 인과관계에 대한 이해력이 발달하는 시기입니다. 엄마의 평범한 일과, 엄마의 기분, 엄마의 생각을 들려주세요. 아이도 평소에 궁금했던 엄마의 일상을 듣고 반응하는 재미를 느낄 수 있답니다.

엄마의 일상을 들려주세요

	엄마의 말
일과(순서)	· (샌드위치를 만들 때) "빵 위에 잼을 바르고 빵을 올리자." · (외출할 때) "어린이집 끝나고, 마트에 갈 거야."
감정(기분)	· "오늘은 ○○(아이 이름)이 생일이라 행복해." · "비가 와서 아쉬워." · "행복해/기뻐/속상해/기대돼/아쉬워/화나."
원인 결과	· "주스가 쏟아져서, 닦아야 해." · "길이 미끄러워서, 넘어졌어." · "아이스크림을 많이 먹어서, 배가 아파."

표현언어를 키워요

① 아이의 말에 양념을 뿌려주세요

아이가 선택하고 주도하는 놀이라면 대화가 길게 이어질 수 있어요. 이 시기에 아이가 말하는 문장은 아직 세련되지 않고 서툴 수 있어요. 같은 단어를 반복해서 사용하거나, '이거, 저거'와 같은 대용어*만 사용하는 모습을 보이기도 합니다.

아이가 말한 문장에 적절하게 반응하면서, 새로운 단어를 함께 들려주세요. '이게 뭐야(뭐였지?)' 질문하기보다 '아이의 말'에 '엄마의 말'을 더해서 다시 들려주는 거지요. 엄마가 일방적으로 질문

* 대용어: 어떤 단어를 대신해서 쓸 수 있는 말을 뜻합니다.

을 반복하면, 놀이가 아닌 학습으로 느끼고 흥미를 잃을 거예요. 질문 대신, 엄마가 맛있는 표현으로 아이의 말을 장식해 주세요.

아이의 말에 양념 뿌리기

아이와 자동차 놀이(도로놀이)를 할 때

아이: "이거는 소방차야. 불났어요~ 갑니다~"

엄마: "(아이의 행동을 읽으며) 소방차가 출동(새로운 단어)하네! → 관심 보이기 어디에 불났어요?"

아이: "(주유소 모형을 가리키며) 여기, 여기에 불났어요."

엄마: "(아이가 가리킨 것을 말해주며) 기름을 넣는 주유소에 → 새로운 단어 불이 났구나. 빨리 오세요~"

아이: "네, 빨리 갈게요. 주유소에 갈게요."

엄마: "(다시, 아이의 행동을 말해주며) 소방차가 주유소로 출동합니다!"

② 아이의 모습이 담긴 사진을 활용해요

아이의 어린이집 생활이 담긴 사진, 가족과의 여행 사진, 그 외의 일상 모습이 담긴 사진을 집안 곳곳에 붙여보세요. 대화의 매개물이 됩니다. 아이에게 "오늘 하루 어땠어?" 질문하면 오늘 하루 있었던 일을 길고 유창하게 대답하지 않는 경우도 있을 거예요. 함께 다녀온 여행지를 떠올리며 대답하는 데 어려워하는 모습을 보일 수도 있고요.

사진을 활용하면 아이가 기억하는 데 드는 에너지를 줄일 수 있어요. 사진을 함께 보면서 더욱 자연스럽고 편안하게 대화를 이어갈 수 있습니다. 거실 벽이나 냉장고 앞에 있는 사진은 아이가 먼저 대화를 시작하도록 이끌어 주는 도구의 역할을 합니다. “엄마, 우리 바다 갔었지? 가서 바다도 보고 꽃게도 봤어.” 이렇게 대화를 시작할 수 있지요.

아이의 컨디션이 좋지 않거나 잘 기억나지 않는 경우에 대화하기 싫어하는 모습을 보일 수 있어요. 아이에게 질문하기 전, 엄마의 일상을 먼저 나눠보세요. “엄마는 오늘 ○○(아이 이름)이랑 같이 블록으로 집 만들기 놀이할 때, 재미있었어”, “엄마는 아까 ○○(아이 이름)이랑 소아과 가서, ○○(아이 이름)이가 씩씩하게 의사 선생님 만나서 너무 기특했어”와 같이 엄마의 감정도 함께 전달해 주세요.

아이의 사진을 활용해요

냉장고에 바닷가에 다녀온 사진이 붙어 있을 때

아이: “엄마, 우리 어제 바다 갔었지?”→ ‘저번에/지난번에’를 ‘어

제'로 표현

엄마: "(함께 사진을 보며) 우리 바다에 갔지! 지난 여름에, 엄마랑 아빠랑 같이 갔어."

아이: "배도 보고 모래도 있었어. 바다도 보고."

엄마: "맞아, 어부 아저씨들이 고기도 잡고 있었어."

아이: "또 가고 싶어."

엄마: "우리 또 갈까? 내년 여름이 또 가자."

• 아이는 '어제/오늘/내일', '저번에/지난번에', '여름에/겨울에'와 같은 때를 적절하게 사용하지 못할 수 있어요. 아이가 '때'를 정확하게 기억하는 것을 어려워할 경우, 엄마가 정확한 때를 들려주세요.

③ 다양한 사회적 표현을 배워요

36~48개월 무렵은 세상에 대한 호기심을 표현하는 시기예요. 또래 친구와 이웃에 대한 관심을 적극적으로 표현합니다. 아직 유창하게 표현할 수 없지만(예: 친구에 대한 반가움을 자연스럽게 표현하는 데 어려움을 보임), 친구에게 반가운 마음, 고마운 마음, 속상한 마음을 드러내는 모습을 보이지요.

아이는 가정에서 엄마 아빠와 함께 나누는 대화, 엄마와 아빠 간(사이)의 대화, 그리고 주변 이웃과 짧게 나누는 대화를 통해 사회성을 기릅니다. 짧은 대화가 아이에게는 사회성 교과서가 되는 거지요. 사회성은 단기간에 발달하지 않고, 지속적으로 연습하고 환경을 경험하는 과정을 통해 꾸준히 성장해요.

각 상황에서의 적절한 표현을 가르쳐 주세요. 상대방의 감정을 민감하게 파악하고, 공감하는 능력 또한 이 무렵부터 가정에서 다져갈 수 있습니다. 긴 문장이 아니더라도, 상대방의 말에 주의를 기울이고, 적절하게 반응하는 경험을 차근차근 쌓아보세요.

사회적 표현 연습하기

상황	적절한 말
인사하기	어른에게: "안녕하세요." 친구에게: "안녕", "반가워."
축하하기	어른에게: "생신 축하드려요." 친구에게: "생일 축하해."
사과하기	어른에게: "죄송합니다." 친구에게: "(내가) 미안해."
위로하기	친구가 속상할 때: "괜찮아?" 친구가 아플 때: "빨리 나아."

4~5세: '말의 내용'에 초점을 둬요

4~5세 무렵의 아이는 말의 길이가 길어질 뿐 아니라, 제법 세련되고 다듬어진 문장으로 말하는 모습을 보입니다. 아이와 대화를 나누는 도중 문득, '아이가 이만큼 성장했구나' 하는 생각에 보람을 느끼기도 하고요. 한편으로는 부모로서 갖는 책임감의 무게가 더해지는 시기입니다.

아이가 많은 단어를 이해하고, 긴 문장으로 말하기 위해서는 가정에서 지속적으로 연습해야 합니다. 이와 더불어, 타인을 배려하고 존중하는 대화 상대자가 될 수 있도록 이끌어야 해요.

이 시기는 아이의 인지 능력이 눈에 띄게 발달하는 모습을 볼 수 있어요. 이에 따라 '수 개념, 비교 개념, 한글, 예체능, 영어' 학습에 대한 엄마의 관심이 커지면서, 사교육의 문을 조심스럽게 두드리기도 합니다. 엄마는 새로운 관문 앞에 서 있는 기분에 사로잡히지요.

아이가 4~5세 때, 가장 중요한 엄마의 역할은 무엇일까요? 다양한 교육 정보를 찾고, 시도해 보고, 아이의 인지 능력을 점검해 보는 것일까요? 아이의 말에 귀를 기울이고, 들어주고, 반응해야 한다는 상호작용의 틀은 변하지 않지요. 다만 한 가지, 아이의 '지적 호기심'을 자극해 주세요. 특별하게 학습 시간을 구분하지 말고, 아이와 편안하게 나누는 대화에서 호기심 주머니를 키워주세요.

아이와 일상에서 늘 같은 이야기만 반복하는 것을 고민하는 부모님을 종종 마주합니다. 다양한 어휘와 새로운 표현을 가장 쉽게 접할 수 있는 도구는 바로 '책'입니다. 아이의 호기심(예: "엄마, 달의 모양은 왜 변해요?")에 매번 정확하고 장황한 답을 줄 수는 없을 거예요. 아이가 잠들기 전, 또는 아이의 컨디션이 좋은 시간을 활용해 보세요.

이 무렵의 아이는 사회성도 더욱 발달합니다. 타인의 감정과 분위기를 이전보다 더 민감하게 파악하고, 적절한 말을 건넬 수 있지요. 다만, 자신의 주장과 생각을 전달하는 데 논리적인 어색함을 보이기도 합니다. 아이가 거짓말을 한다고 생각될 때도 있고요. 이때는 아이를 다그치기보다 사건의 순서나 상황을 자세하게 설명해 주세요. 상대방의 말을 끝까지 듣는 태도도 함께 배울 수 있어요.

취학 전까지 아이는 끊임없이 성장합니다. 취학 이후에도 때에 맞는 발달 과업을 이루어 가지요. 아이의 언어발달은 특정한 구간으로 나눌 수 없다는 것, 기억하시나요? 양육자의 역할은 아이의 발달 로드맵을 함께 그리며 아이를 존중하고, 이에 맞춰 방청객이 되어주는 거예요. 지금까지도 너무나 애쓰셨어요! 아이는 엄마의 존재만으로도 세상에 대한 호기심을 풀어나갈 용기를 얻습니다.

수용언어를 키워요

① 지적 호기심과 사고력을 기르는 대화를 나눠요

이 시기의 아이는 지적 호기심과 생각하는 힘이 더욱 커지기 시작합니다. 엄마는 아이의 모습을 보며, 양질의 대화를 나누고 싶은 욕구가 생기지요. 때로는 아이의 질문에 정확한 답을 주고 싶지만, 엄마가 생각한 답을 전하기에 막막함을 느낍니다. 즉각적으로 적절한 답변이 떠오르지 않을 때가 있지요.

학습지나 학원 같은 사교육을 통해 아이의 지적 호기심을 충족시킬 수도 있지만, 가장 좋은 방법은 엄마와 자연스럽게 상식을 습득하는 것입니다. 가장 좋은 도구는 다름 아닌 책입니다.

책은 아이와 엄마의 대화를 이어주는 튼튼한 다리가 됩니다. 4~5세 시기 아이들은 이전에 그냥 지나쳤던 자연현상이나 아이의 몸에서 일어나는 생리현상(예: 방귀), 그 외 주변에서 일어나는 일에 대해 전과 다른 궁금증을 갖습니다. 책을 함께 읽으며, 아이의 궁금한 마음을 해소할 수 있어요.

지식이 담긴 그림책은 단순히 읽어주기보다, 녹여내는 과정이 중요합니다. 읽고 난 후, 바로 아이에게 설명을 요구하면 논리적으로 설명하는 데 서툴 수 있어요. 여러 번 반복해서 읽고, 충분한 대화를 나눠보세요.

자연·상식·생각이 넓어지는 그림책 목록

그림책 제목	저자/출판사	주제
《왜 방귀가 나올까?》	초 신타/한림출판사	우리 몸에서 방귀가 나오는 이유
《비는 왜 내려요?》	케이티 데이니스/어스본코리아	비, 천둥번개, 태풍 등 자연현상의 이유를 담은 재미있는 플랩북
《우리 몸의 구멍》	허은미/길벗	아이들이 재미있게 느끼는 우리 몸의 각 구멍에 대한 이야기
《나의 첫 번째 행성 이야기》	브루스 베츠/미래주니어	태양계의 모습과 각각의 행성에 대한 모습이 담긴 책

• 지식 그림책은 한 페이지 안에 많은 글자가 담기기도 해요. 그림책의 글자를 다 읽지 않아도 괜찮아요. 그림과 사진을 함께 보며 아이가 무엇을 궁금해하는지 대화를 나눠보세요.

《거실공부의 마법》의 저자 오가와 다이스케小川 大介는 아이의 주변에 도감, 지도, 사전을 가까이 할 것을 권합니다. 아이의 주변, 특히 거실에 있는 도감, 지도, 사전은 유아기에 학습 능력의 발판을 다질 수 있는 도구가 된다고 해요. 카드나 교재를 보며 어휘를 외우는 것보다, 곁에서 자주 접하고 경험한 어휘일수록 자신의 것으로 흡수할 가능성이 크지요.

아이가 지식을 외우는 것에서 끝나지 않도록, 이 시기에도 지속적으로 말을 걸어주세요. 아이가 어떻게 알고 있는지, 아이가 바라본 시선은 어느 곳을 향하고 있는지, 아이의 생각은 어떠한지 대화를 나눠보세요. 아이가 수줍어한다면, 엄마의 경험과 생각을 들려주세요. 정해진 답을 외우는 것보다 훨씬 더 풍성한 시간이 될 거예요.

이 무렵의 아이는 정서발달 측면에서 '내가 최고야'의 시기라고 할 수 있습니다. 틀리는 것을 받아들이는 것을 힘들어하지요. 가정에서 아이와 대화를 나눌 때, 무조건 '네 말이 다 맞아'라고 반응하라는 이야기가 아닙니다. 가정에서만큼은 아이가 틀린 답을 이야기하더라도 '나의 말을 잘 들어주고 반응해주는 경험'을 만들어 주세요. 아이는 이러한 수용 경험을 통하여 나만 최고라고 생각하기보다, 실수를 두려워하지 않는 자신감을 얻게 됩니다. 무엇보다 타인의 이야기에 귀 기울이고 공감하면서, 세련되고 매너를 갖춘 청자로 성장할 거예요. 말을 걸어주고 잘 들어주는 엄마의 모습을 통해 아이는 학습뿐 아니라 사회성도 함께 배웁니다.

② 많이 아는 아이일수록 더 많이 읽게 됩니다

읽기 전문가들의 연구 결과에 의하면, 많은 단어를 알고 있을

수록 '더 많이 읽는' 독자가 된다고 합니다. 그만큼 어휘력은 학습뿐 아니라 일상에서의 소통을 위한 중요한 도구가 됩니다.

일상 대회에서 쓰는 '구어'와 글로 쓰인 '문어'의 경계가 명확할수록 아이는 읽기 행위를 학습으로 받아들이게 되고, 책과 거리를 둘 수 있어요. 대화에 '학습 도구어'를 녹여낸다면, 아이는 이후에 학습 상황에서도 낯설어하지 않고 집중할 수 있답니다. 이를 위해서는 엄마도 함께 책을 읽으며 상식을 쌓아가야 합니다.

대화 속에 학습 도구어 녹이기

1. 함께 날씨 뉴스를 보는 상황에서

기상 캐스터: "내일도 폭염이 지속될 것으로 보입니다."

아이: "엄마, 폭염이 뭐예요? (뉴스 속 해수욕장을 가리키며) 바다에 가는 거예요?"

엄마: "'폭염'은 매우 더운 날씨라는 뜻이야. 오늘 날씨 어땠어? 너무 더워서 에어컨 켜고 있었지? (바닷가에 피서객이 나오는 뉴스를 가리키며) 날씨가 너무 더워서 바닷가에 간 거야."

아이: "네. 오늘 더웠어요. 그럼 내일도 더운 거예요?"

엄마: "응, 내일도 폭염이라고 하네. 많이 더울 것 같아. 내일도 시원하게 입자."

- '폭우, 홍수, 가뭄, 태풍, 한파'와 같은 날씨를 나타내는 어휘도

함께 이야기를 나눌 수 있어요.

2. 함께 장을 보는 상황에서

엄마: "입구가 어디지? 저기 있다, 입구!"

아이: "엄마, 입구가 뭐예요?"

엄마: "응, 입구는 들어가는 곳이야! 우리 놀이동산 갔을 때 기억나? 거기서 '입장하세요'라고 말했잖아. '입'에는 '들어가다'라는 의미가 있어."

아이: "기억나요. 그럼 나오는 곳은요?"

엄마: "응, 나오는 곳은 '출구'라고 해. 여기는 출구가 어디일까?"

- 이후에 주차장에 갈 때, 마트에 갈 때, 다른 기관에 함께 갈 때도 오늘 나눈 대화를 한 번 더 반복해 보세요.

③ 우리 집 거실은 작은 유치원이에요.

4~5세 아이는 수, 한글, 그 외 인지적인 요소에도 적극적으로 관심을 보입니다(예: 수, 비교, 공간-방향, 시간개념). 앞서 짧게 살펴보았던 도감, 지도, 사전과 같이 달력과 시계도 아이의 주변에 놓아주세요. 글을 읽지 못하더라도, 훌륭한 도구가 될 수 있습니다.

또한 한 자리에서 주의집중을 유지하는 연습이 필요해요. 아이의 주의력을 지속시키기 위해서는 무엇보다 아이가 가장 많은 시간을 보내는 거실에서의 훈련이 중요합니다. 거실을 유치원

교실이라고 생각해 본다면, 이 교실의 선생님은 엄마일 때도 있지만, 아이일 때도 있어요.

처음부터 능숙하게 인지 발달을 자극하는 대화를 나누기란 어려울 수 있어요. 문제가 제시되어 있는 교재를 함께 풀어보는 것이 더 쉽게 느껴지기도 합니다. 그러나 계산식을 보고 푸는 능력도 필요하지만, 개념을 정확히 이해하는 것이 먼저입니다. 가정에서 수학 개념을 익히는 대화 방법을 알려드릴게요.

우리 집 거실은 유치원이에요!

개념	대화 예시
수	• "바구니에 귤이 모두 몇 개 있지? 같이 세보자!"
더하기/빼기	• "사탕이 세 개 있네. 엄마가 두 개를 더 주면 모두 몇 개가 될까?" • "마이쮸가 다섯 개 있네. 만약에 아빠한테 두 개를 주면, 몇 개가 남을까?" • "상자 안에 비타민이 많이 들어 있네. 두 개씩 묶어서 세면 어떨까? 더 빠르게 셀 수 있는 방법도 있을까?"
방향	• (가라사대 게임) "오른손 들어! 왼손 들어!"
길이/크기	• (클레이 놀이를 하며) "지렁이가 두 마리 있네. 무슨 색 지렁이가 더 길어?" • (마트 놀이를 하며) "저는 더 큰 것으로 주세요."
시간/때	• (달력을 활용하며) "오늘은 2월 9일이야. 그리고 목요일이야." • "어제는 수요일이었지? 어제 의사 선생님 만나고 왔어", "내일은 이모 집에 가자." • "병원에 다녀온 후에 마트에 가자."

틀리는 것을 두려워하는 것은 이 시기 아이의 자연스러운 발달 모습입니다. 실수는 누구나 할 수 있다는 이야기를 전해주세요. 단편적으로 아이가 문제의 정답을 맞히는 것보다 중요한 것은 '다시 시도하는' 근육을 기르는 과정입니다. 엄마 아빠도 때로 실수하지만, 배움을 즐거워한다는 것을 아이에게 보여주세요.

아이에게 용기를 주는 엄마의 말

- "실수해도 괜찮아."
- "처음에는 누구나 서툴 수 있어. 어려울 수 있어."
- "모르는 것은 당연해. 배우면서 알아가면 돼."
- "틀려도 괜찮아. 우리 같이, 다시 해볼까?"
- "엄마도 처음에는 어려웠어. 꾸준히 하니까 쉽게 느껴졌어."

표현언어를 키워요

① 인내심을 가지고 들어주세요

이 시기의 아이는 그림책을 읽는 것뿐 아니라 내용을 전달하는 데에도 관심을 갖기 시작합니다. "엄마, 오늘 이야기 할머니가 오셨는데…", "오늘 선생님이 책 읽어주셨는데…"와 같이 대화의 문을 여는 모습을 보이지요. 이야기의 흐름대로 완전하게 전달하는 데 어려움을 보일 때도 있지만, 아이는 방청객이 된 엄마를 보며 더 즐겁게 이야기를 전합니다.

지금까지의 여정에서 반복된 키워드 중 하나는 바로 '아이 주도'인데요. 아이의 이야기에 함께 몰입해 주세요. 아이의 이야기를 듣다 보면, 이야기의 흐름이 갑자기 바뀌거나 아이가 이야기를 지어내는 듯이 느껴질 때도 있어요. "그게 아니잖아", "엄마는 다르게 알고 있는데"와 같이 아이의 이야기를 교정하기보다, 일단 끝까지 들어주는 인내심이 필요합니다.

아이가 주도하는 이야기 시간

	주제/제목	예시
이솝우화/전래동화	《토끼와 거북이》	원인과 결과: "토끼가 잠을 자서, 달리기 경주에서 졌어."
	《개미와 베짱이》	시간의 흐름(계절): "더운 여름 다음에, 시원한 가을, 추운 겨울이 되었어."
	《아기 돼지 삼형제》	시간의 흐름/원인과 결과: "집을 튼튼하게 짓지 않아서, 집이 무너졌어."
	《흥부와 놀부》	원인과 결과: "놀부가 제비 다리를 부러뜨려서, 벌을 받았어."
경험	하루 일과/주말 일과/여행	시간의 흐름: "아침에 할머니 댁에 갔다가, 밤에 집에 왔어."
지식/상식	우주/자연/곤충/날씨	지식 전달: "비는 물방울들이 모인 거야."

• 이솝우화와 전래동화는 사건의 흐름, 인과관계가 분명할 뿐 아니라, 다양한 어휘를 접할 수 있어요. 등장인물의 감정도 함께 예측해 보고, 표현할 수 있도록 이끌어 주세요.

아이가 이야기를 전하는 것에 수줍음을 보이는 것은 자연스러운 모습입니다. 아이가 이야기를 마음껏 펼칠 수 있는 무대를 만들어 주세요. 엄마가 이야기를 들려주는 시간은 아이에게도 무대에 설 수 있는 용기를 심어주는 시간이에요. 그림책을 함께 읽거나 동화가 나오는 CD나 영상을 함께 보고 이야기를 나눠보세요.

② 게임은 최적의 사회성 촉진 도구예요

아이는 여전히 지는 것을 두려워하거나 피할 수 있어요. 가정에서 게임 도중 아이가 졌을 때, 울음을 터뜨리며 떼를 쓰는 경우를 마주할 수도 있고요. 발달 시기적으로도, 아이가 '지는 것'을 인정하기까지 많은 시간과 연습이 필요합니다.

아이와 게임을 하면서 엄마가 일부러 져주는 연기를 하기도 합니다. 하지만 무조건 져주기보다는 아이에게 게임의 규칙을 간단히 설명해 주세요. 그러고 난 후, 아이가 규칙을 잘 이해했는지 자연스럽게 아이가 설명하도록 유도해 보세요. "이건 게임의 규칙이야. 규칙을 지켜야지." 이렇게 강조하기보다 아이 스스로 규칙을 이해하는 시간이 필요합니다.

아이가 게임 중에 양보하는 것을 어려워한다면, 엄마와 아빠가 서로에게 양보하는 모습을 보여주세요. 게임은 직접 참여해서 규칙을 실제로 배워야 다양한 상황에 적용할 수 있습니다. 엄마나 동생이 규칙을 이해하지 못했을 때는 가족 구성원이 이해할 수 있도록 아이가 설명하게끔 유도하고, 응원하고, 기다리도록 합니다.

언어치료실에서도 사회성을 기르기 위한 그룹 수업을 종종 하곤 합니다. 이때도 게임은 빼놓을 수 없는 사회성 촉진 도구가 됩니다. 처음에는 게임에서 지면 속상해서 우는 아이, 다음 시간에 오지 않겠다고 말하는 아이, 순서를 기다리는 것을 어려워하는 아이의 모습을 마주하지만, 6개월 이후에는 친구를 배려하는 모습까지도 발견하게 됩니다. 사회성의 언덕을 넘는 과정은 수월하지 않더라도 조금씩 오르다 보면 의사소통 기술을 능숙하게 사용하게 되지요.

가정에서는 지는 것도 지지해 주세요. 아이가 이전보다 규칙을 잘 이해하고, 친구의 차례를 기다리고, 졌을 때도 친구에게 박수 치는 변화를 보인다면, 역시 칭찬해 주세요. 엄마와 아빠 사이에서도 과정을 인정해 주는 대화를 나누세요. 이기고 지는 것에서 끝나는 것이 아니라, 아이가 자신감과 타인을 존중하는 마음을 길러주는 시간이 될 수 있습니다.

게임 중에 아이에게 들려주세요

상황	엄마의 말
아이가 이겼을 때	• "축하해. 지난번보다 규칙도 더 잘 지켰어."
아이가 졌을 때, 진 것을 인정하기 어려워할 때	• "연습하면 더 잘할 수 있을 거야." • "누구나 질 수 있어. 우리 '멋지게 지기' 같이 해볼까?"

아이가 규칙/게임 방법을 이해하기 어려워할 때	• "처음부터 같이 다시 시작해 보자."
아이가 진 것을 인정할 때	• "멋지게 지기에 성공했어!" • "져서 속상하지만, 우리 이긴 엄마/아빠/동생에게 축하한다고 말해볼까?"

③ 말놀이로 한글 공부의 근육을 길러요.

아이의 인지가 발달하면서, 엄마는 자연스럽게 한글 공부에 관심을 기울입니다. 유아교육 업체 광고를 마주한 후에는, 더욱 조바심이 들기도 하지요. '나만 너무 느긋했나?'라는 생각에서 출발해서 '다른 아이들은 한글을 다 읽을 수 있어서, 우리 아이가 위축되면 어떡하지?'와 같은 자책으로 이어지기도 합니다.

한글 교육 전문가들은 한글 교육의 적기는 만 6세 이후라고 이야기합니다. 물론, 각 발달 영역의 전문가마다 적정 시기에 대해 어느 정도의 차이를 보입니다. 공통적으로 주장하는 한글 교육의 적기는 바로 '아이가 관심을 보일 때'입니다. 아이가 주변의 글자(예: 간판, 도로 위의 글자, 차 번호)를 보며 "엄마, 이게 뭐예요?", "엄마, 저기, 어떻게 읽는 거예요? 뭐라고 쓰여 있어요?" 질문하고, 자석 글자를 활용하여 자신의 이름을 만들려고 시도하는 시기지요.

한글 공부를 위한 교재는 시중에서 쉽게 찾을 수 있어요. 오히려 너무 많아서 선택에 어려움을 겪기도 합니다. 다양한 교재를 접하는 것도 한글 학습에 도움이 될 수 있지만, 저는 말놀이를 먼저 권하고 싶습니다. '말놀이'라는 말이 낯설게 들릴 수 있지만, 엄마와 아이는 이전부터 말놀이를 해오고 있었답니다.

'가, 가, 가 자로 시작하는 말~' 노래부터 '끝말잇기', '초성게임', '글자 수세기', '거꾸로 말하기'와 같은 활동이 모두 말놀이에 해당됩니다. 그야말로 '놀이'이기에 아이가 마음껏 즐기며 들리는 말소리를 조작해 보는 시간입니다.

한글 실력이 쑥 크는 말소리 조작 말놀이

1. 말놀이는 소리를 '듣는 것'에서 출발합니다. 글자를 제시하기 이전에 말소리를 들려주세요(예: "토끼"는 모두 몇 글자일까? 박수 쳐보자! 짝짝! 두 개네!).

2. 유아기 아이들은 글자를 '음절' 단위로 인식합니다(예: /가방/은 2개의 음절, /시금치/는 3개의 음절로 구성되어 있어요). 음절보다 더 작은 단위인 '음소' 단위는 7세 이후에 더 쉽게 이해할 수 있습니다(예: /가/는 /ㄱ/(그)와 /ㅏ/(아) 소리가 합쳐져서 나요). 음절 단위로 먼저 말놀이를 시작해 보세요.

3. 말놀이는 학습 시간이 아니에요. 말놀이의 장점은 언제든 충분히 놀이 환경을 만들 수 있다는 거예요. 산책할 때, 차로 이동할 때, 잠

자기 전에 함께 말놀이를 시작하고 이어갈 수 있어요.

4. 말놀이의 예

- 글자 수 세기: "엄마가 들려주는 말을 듣고 글자 수대로 박수를 쳐볼까?" → "대한민국."
- 거꾸로 말하기: "바지"를 거꾸로 말하면?" → "지바!"
- 변별하기: "가방, 가지, 사과 중에 첫소리가 다른 것은 무엇일까요?" → "사과!"
- 바꾸기(자리 바꾸기): "가방의 /가/를 /사/로 바꾸면 무엇이 될까요?" → "사방!"
- 소리 더하기: "/가/에 /지/를 더하면 무엇이 될까요?" → "가지!"
- 소리 빼기: "/나무/에서 /무/ 소리를 빼면 무엇이 남을까요? → "나!"

한글에 관심을 보이는 아이와 함께 글자를 읽어보면서, 아이 스스로 글자와 친해질 수 있도록 자석글자를 활용하는 것도 도움이 됩니다. 아이가 글자를 처음 만들 때는 자음과 모음의 순서를 다르게 하거나 마치 사진을 찍듯이 외워서 만드는 모습을 볼 수 있어요. 엄마가 아이의 곁에서 함께 아이의 이름부터 만들어 보세요. 한글 벽보를 냉장고나 벽에 붙여두는 것도 한글 노출에 있어서 좋은 도구가 될 수 있습니다.

우리 아이 한글 공부 상담소

1. 가정에서 한글을 노출하는 방법에는 무엇이 있을까요?

• 가정에서 아이가 자주 접하는 사물(예: 냉장고, 신발장, 가방, 식탁, 옷장 등)에 이름표를 붙여주세요. 한글 벽보를 활용하는 것도 한글 노출에 도움이 됩니다. 아이에게 "이거 읽어봐. 이게 뭐지?" 질문하기보다, 글자를 하나씩 짚으며 읽어주세요.

• 앞서 살펴보았던 말놀이는 한글을 접하는 데 가장 좋은 연결 통로가 되어줍니다. 말놀이를 일상 대화 중에도 이어보세요. 학습이 아닌 '놀이', '노래', '이야기'로 연결된다면, 아이는 한글을 더욱 재미있게 접할 수 있답니다.

2. 그림책을 읽어주는 것만으로도 한글을 뗄 수 있을까요?

• 그림책을 읽어주는 시간을 갖는 것 자체만으로는 한글을 완전히 익히는 데 무리가 있습니다. 다만, 그림책을 읽어주는 말소리를 많이 들을수록 아이는 한글을 읽는 방법을 자연스럽게 접할 수 있어요. 우리말은 다양한 음운규칙이 적용됩니다. 예를 들어서, /있었다/를 /잇얻다/로 읽지 않고, /이써따/로 읽지요. 책을 읽는 시간

은 이러한 규칙을 접할 수 있는 가장 최적의 환경을 만들어 줍니다.

• 아이에게 그림책을 읽어줄 때, 글자 지식을 묻는 것은 한글에 대한 흥미를 잃게 할 수 있어요. 아이의 성향이나 한글 읽기 능력이 다르기에 확언할 수는 없지만, 질문을 하기보다 많이 들려주는 것이 우선입니다.

3. 한글 공부의 가장 적기는 언제일까요? 초등입학 이후는 너무 늦지 않을까요?

• 초등 입학 이전에 한글 학습의 근육을 만들어 주세요. '선 긋기, 그림 그리기, 자음과 모음 이름 알기, 자기 이름 따라 쓰기'와 같은 활동은 취학 전 한글 학습의 토대가 됩니다. 활동을 완벽하게 수행하는 것보다, 짧은 시간이라도 집중하는 경험이 중요합니다.

• 한글은 많이 읽고, 써볼수록 자신의 것이 될 수 있어요. 하지만 아이가 이해하는 속도에 맞추어 가야 합니다. 일상에서의 말놀이와 함께 아이가 좋아하는 친구 이름, 가족 이름, 캐릭터 이름과도 친해지는 시간을 만들어 주세요.

5

따라 하기만 하면 되는
장소별 말자극 가이드

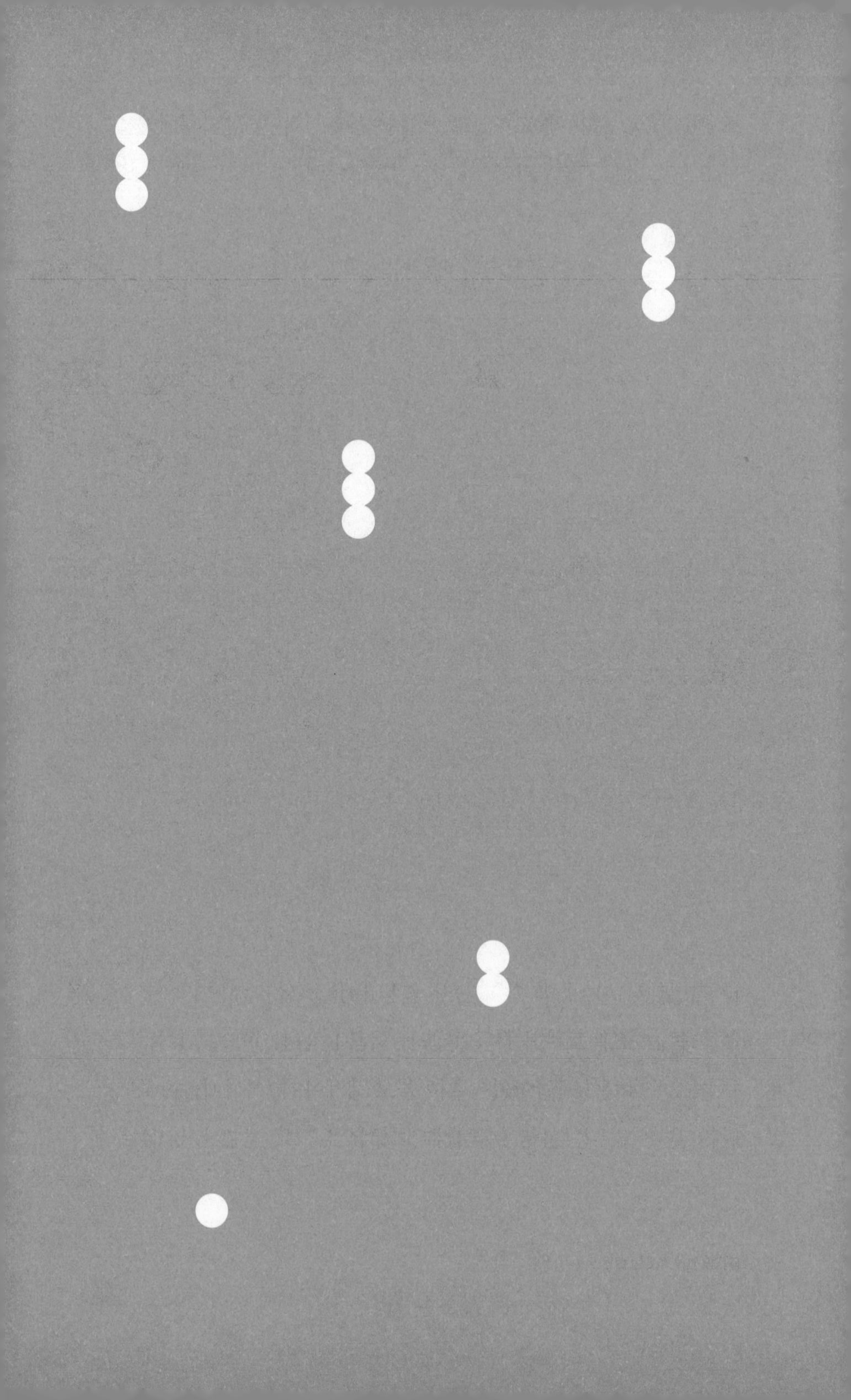

우리 집 모든 곳이 최적의 말자극 공간

아이에게 엄마 말을 들려주는 시간은 언어발달의 자원이 됩니다. 말의 양에 초점을 두기보다 아이의 반응을 천천히 살펴보세요. 조용한 엄마에겐 특별히 아이의 시선, 몸짓, 목소리에 더 깊게 주의를 기울이는 능력이 있어요. 아이와 엄마의 놀이 무대가 되는 거실, 건강한 음식을 함께 먹는 식탁, 목욕과 놀이가 동시에 이루어지는 상쾌한 공간인 욕실, 그리고 하루를 마무리하고 시작하는 아늑한 침실에서 아이에게 조용히 집중하며 말자극을 진행해 주세요.

가정마다 공간의 구성과 배치는 다르지만 모든 공간이 엄마의 말자극을 들려주기에 최적의 공간이 될 수 있습니다. 지금부터 각 공간에 맞게 아이에게 들려주는 말을 안내하겠습니다. 활용 가이드를 먼저 살펴보며 부담감을 덜어내 주세요. 짧은 말을 들려주더라도 상호작용을 이루어가는 과정이 우선되어야 합니다.

조용한 엄마를 위한 말자극 가이드

1. 이 장에서는 거실, 식탁, 욕실, 침실은 물론 아이와 함께하는 산책길, 등하원길에서의 다양한 말자극 놀이가 제시됩니다. 아이와 함께하는 모습을 상상하며 읽어보세요.

2. 이 장에서 제시하는 대화는 영어 단어장 또는 대본처럼 활용할 수 있어요. 아이에게 매일매일의 상황에서 적절한 말을 들려주세요. 한꺼번에 많은 말을 들려주기보다 아이의 현재 언어발달 상황에 맞게 반응을 살펴보며 들려주세요.

3. 첫 시작은 낯설고 어색할 수 있어요. 아이에게 처음 말을 시작할 때, 처음 그림책을 읽어줄 때, 처음 노래를 불러줄 때도 어색한 마음이 들 수 있지요. 누구나 느낄 수 있는 감정입니다. 편안하게 시작해 보세요.

4. 이곳에 담긴 말을 모두 외워야 한다는 부담감은 갖지 않아도 됩니다. 아이와의 상호작용에 초점을 더 맞춰주세요. 아이가 이끄는 대로 따라가면, 제시된 말 이외에 더 다양한 말을 만들어 낼 수 있어요.

5. 아이가 즉각적으로 엄마의 말을 모방하지 않아도 괜찮아요. 엄마와 아이가 서로에게 집중할 수 있는 상황에서 대화를 시작해 보세요. 말은 듣기에서 시작합니다. 들려주는 시간을 저와 함께 쌓아가요.

거실에서 말해요

거실은 아이와 함께 가장 많은 시간을 보내는 장소입니다. 엄마는 거실에서 집안일을 하거나 아이가 잠든 후 휴식 시간을 갖기도 합니다. 아이에게 거실은 하나의 무대입니다. 장난감을 꺼내서 마음껏 자신만의 놀이동산을 만들고, 동요에 맞춰 춤을 추기도 하지요. 아침에 눈을 떠서 거실로 나와 가족과 함께 하루를 시작하는 공간이자 마무리하는 공간도 될 수 있고요.

거실에서 마주하는 아이 모습이 특별하지 않게 느껴지더라도 아이는 매일 성장하고 있습니다. 다른 공간은 엄마 주도로 이끌어갈 때가 있지만(예: 욕실에서 목욕할 때), 거실은 아이가 주도하는 공간이 될 수 있도록 만들어 주세요.

아이가 장난감을 꺼낼 때, 이후에 정리해야 한다는 부담감이 들 수 있어요. 돌아가고 있는 세탁기, 거실 주변에 있는 빨래, 주방 싱크대에 쌓여 있는 그릇에 눈이 가기도 하지요. 하지만 아이와 함께 마주 앉은 거실에서만큼은 온전히 아이에게 집중해 주세요. 아이의 놀이가 다양해지는 만큼 아이가 엄마에게 말을 거는 모습이 자주 보일 거예요.

장난감을 꺼낼 때

아이가 장난감을 꺼내는 것을 시도할 때, 엄마는 아이의 안전에 주의를 기울입니다. 장난감을 꺼내다가 넘어지거나 때로는 장난감으로 인해 다치기도 하지요. 엄마가 곁에서 아이를 따라가면서 아이가 꺼내려고 시도하는 장난감의 이름을 먼저 들려주세요.

때로는 아이가 "장난감 이름(예: 자동차)+주세요"라고 말을 해야만 장난감을 꺼내주어야 할지 궁금한 마음이 들 때도 있어요. 아이가 장난감을 꺼내려고 할 때는 아이가 원하는 장난감의 이름을 충분히 들려주면서 장난감이 놓여 있는 '장소', 꺼내는 방법(예: 열어, 닫아, 꺼내)도 함께 말해주세요. 부자연스럽게 말을 유도하기보다 아이의 의사소통 시도에 민감하게 반응해야 합니다.

말자극	말의 분위기와 몸짓	건네는 말
한 단어 - 두 단어 (짧은 코멘트)	아이가 장난감을 가리킬 때 (아이의 손가락 포인팅에 따라)	• 장난감 이름을 들려주며 "(자동차, 블록, 공룡, 공, 기차) 줄까? 같이 놀까?" "기차 줄까, 공룡 줄까?"→ 선택 유도하기
	장난감이 상자/ 통에 담겨 있을 때	"서랍에서/통에서 꺼내자." "여기 있다. 뚜껑 열어보자. 뚜껑 열자." "(주의를 끌며) 통 안에 뭐가 있지?" "기차 꺼낼까, 공룡 꺼낼까?" → 선택 유도하기 "상자에서 꺼내고, 뚜껑 닫자."
	장난감이 아이의 시선에서 멀리 있을 때	"저-기 있다/ 높-이 있네/멀-리 있네." "(주의를 끌며) 어떻게 꺼내지? 어떻게 가지고 오지?" "엄마가 꺼낼게. 기다려."
대화 유도하기 (아이에게 질문하기)	아이가 장난감을 가지고놀고 싶은 의도를 표현할 때	"(아이가 가지고 온 장난감) 가지고 놀고 싶구나. 재미있겠다!" • 아이카 가지고 온 장난감을 보며 기차: "칙칙폭폭~ 기차가 기네!" 주방 놀이: "아이, 배고파! 맛있게 만들자." 공룡 놀이: "나는 티라노! 너는 누구야? 우리 어디 갈까?" 병원 놀이: "아야, 배가 아파요!" 블록 놀이: "무엇을 만들어 볼까? 차곡차곡 ~ 높이 높이 쌓아보자."

1. 어휘

• 장난감과 관련된 단어: 자동차/소방차/구급차/트럭/기차, 주차장, 블록, 인형, 공룡, 공, 주방 놀이, 병원 놀이, 상자, 통, 서랍

• 관련 동작어: (뚜껑) 열어/닫아, (팔) 올려, 꺼내, (의자 위) 올라가, (의자) 밟아
상태/ 감정을 나타내는 말: (장난감 상자) 무거워/가벼워, 궁금해, 재미있어
의성어/의태어: (장난감 상자를 들며) 영차영차, (장난감을 통에서 꺼내며) 쏘~옥 나왔네!

2. 어휘는 구어 형태로 표기했습니다(예: 입다 → 입어). 상황에 따라 자연스럽게 말을 변형하여 들려주세요!

장난감을 정리할 때

장난감을 정리할 때도 이름을 들려주세요. 아이가 함께 정리하는 것을 어려워한다면, "○○(장난감 이름)는 어디 있나, 여~기." 또는 "모두 제자리" 노래를 불러보세요. 아이의 주의집중과 참여를 더욱 자연스럽게 유도할 수 있어요.

말자극	말의 분위기와 몸짓	건네는 말
한 단어 - 두 단어 (짧은 코멘트)	아이가 장난감을 가리킬 때	"이제 정리할 시간이야! (장난감 이름) 정리할까?" "더 놀고 싶구나. 조금만 더 놀까?"
	장난감을 상자/통에넣을 때	"서랍에/통에/상자에 넣자." "서랍에/통에/상자에 담자." "○○(장난감 이름) 여기에 담아/넣어."
	상자/통 뚜껑을 닫을 때	"뚜껑 닫아." "뚜껑 덮어." "상자 여기에 올려."

대화 유도하기 (아이에게 질문하기)	장난감을 다 정리했을 때	"정리 끝! 잘했어. 멋져! 깨-끗하다." "오늘 뭐 가지고 놀았지?" "다음에는/내일은 뭐 가지고 놀까?" "이제 밥 먹자/간식 먹자/목욕하자/잠자자."

- 장난감과 관련된 단어: 자동차/소방차/구급차/트럭/기차, 주차장, 블록, 인형, 공룡, 공, 주방 놀이, 병원 놀이, 상자, 통, 서랍
- 관련 동작어: (뚜껑/서랍) 열어/닫아, (상자를 가리키며) 담아, (통/상자에) 넣어
- 상태/ 감정을 나타내는 말: 깨끗해/지저분해, 아쉬워
- 의성어/의태어: (장난감을 넣으며) 차곡차곡

옷을 입을 때

등원 전, 옷을 입힐 때는 아이와 전쟁을 치르는 듯한 기분이 들기도 합니다. 엄마의 마음은 분주한데 아이는 협조하지 않을 때가 많기 때문이에요. 그러나 아무리 바빠도, 아이가 옷을 입을 때 아이에게 선택할 수 있는 기회를 제공해 주세요. 엄마가 선택한 옷을 입는 것보다 더욱 집중해서 옷을 입을 수 있을 거예요. 아이에게 선택의 기회를 줄수록, 아이는 단어를 자연스럽게 말할 기회를 얻습니다(예: "빨간 옷 입을까, 파란 옷 입을까?").

처음에는 엄마의 말에 주의를 기울이고, 지시에 따르는 데 어려움을 보일 수 있어요. 반복하며 엄마의 말을 짧게 들려주세요. 함께 역할놀이(예: 인형 놀이)를 하며 '옷 입을 때/벗을 때' 사용되

는 표현을 반복하면, 더욱 쉽게 이해하고 기억할 수 있답니다. 아이는 자라면서 엄마의 말을 기억하며 스스로 옷을 입고 준비할 수 있을 거예요.

말의 분위기와 몸짓	건네는 말
옷을 입기 전에	"오늘은 뭐 입을까? 옷/바지/치마/외투/비옷+입자." "날씨가 따뜻해/더워/쌀쌀해/비가 와/ 눈이 와." 색깔: "빨간색 옷 입을까, 파란색 옷 입을까?" 무늬: "토끼 옷 입을까, 곰돌이 옷 입을까?"
옷을 입히며	"내복 먼저 입어. 내복 입고 바지 입자." "티셔츠 먼저 입고 바지 입어." "바지 안에 옷 넣어." "소매가 너무 기네. 소매 접자. 바지도 접자."
옷을 입기 전에	"오늘은 뭐 입을까? 옷/바지/치마/외투/비옷+입자." "날씨가 따뜻해/더워/쌀쌀해/비가 와/ 눈이 와." 색깔: "빨간색 옷 입을까, 파란색 옷 입을까?" 무늬: "토끼 옷 입을까, 곰돌이 옷 입을까?"
옷을 입히며	"내복 먼저 입어. 내복 입고 바지 입자." "티셔츠 먼저 입고 바지 입어." "바지 안에 옷 넣어." "소매가 너무 기네. 소매 접자. 바지도 접자."
양말을 신기며	"양말 신자. 발 쏘옥 넣자." "엄마/아빠 양말은+커/길어." "빨간 양말 신을까, 노란 양말 신을까?"
아이가 옷 입기를 거부할 때	"밖에 날씨가 추워. 따뜻하게 입자." "옷 입고 밖에 나갈 거야."

옷을 잘못 입었을 때	"아이쿠! 옷을 거꾸로/뒤집어 입었어. 다시 입자." • 아이가 옷에 물을 흘렸을 때: "옷 벗고 다른 옷으로 갈아입자." • 사이즈가 맞지 않을 때: "옷이 벌써 작아졌네/옷이 크네. 접어서 입자."
그 외: 모자, 장갑, 목도리, 귀마개, 우비	"해가 뜨거워서 모자 써야 돼. 해가 쨍쨍, 모자 쓰고 나가자." "밖에 눈이 내려. 추우니까 모자도 쓰자." "목도리 먼저 하고 장갑 끼자." "귀가 시려. 귀마개도 하자." "비가 오니까 우비 입자. 노란색 우비 입어."
아이가 옷 입기를 거부할 때	"옷이 불편하구나. 다른 옷으로 갈아 입을까?" "날씨가 추워서 따뜻하게 입어야 돼." "옷 입지 않으면 '에취!' 감기에 걸려."
옷을 다 입고 난 후	"정말 잘 어울려! 멋지다/예쁘다!"
계획을 나누며	"옷 입고 어디로 갈까? 마트 갈까?" "맛있는 우유 사러 마트에 가자."

• 옷과 관련된 단어: 옷, 티(셔츠), 치마, 바지, 내복, 양말, 모자, 목도리, 장갑, 우비

• 관련 동작어: (옷) 입어, (양말) 신어, (옷) 갈아입어

• 상태/ 감정을 나타내는 말: (옷이) 커/작아, (날씨가) 더워/추워/시원해/따뜻해, 예뻐/잘 어울려, (옷이) 불편해/편해

• 의성어/의태어: (티셔츠를 입히며) 팔 쏘-옥 빼, (목도리) 돌돌 감아.

옷을 벗을 때

옷을 벗을 때는 겉옷부터 차근차근 벗어요. 아이의 소근육이 완벽하게 발달하지 않아서, 능숙하게 지퍼를 내리고 옷을 벗는 과정에 어려움이 있어요. 엄마의 도움으로 옷을 벗을 수 있도록

곁에서 차근차근 도와주세요.

아이는 옷 벗기보다 간식을 먹거나 장난감을 가지고 놀고 싶은 마음이 더 앞설 때도 있어요. 겉옷을 입은 채로 TV 앞에 앉는 경우도 있지요. 옷을 벗고 정리하는 시간은 짧지만, 이 시간이 쌓여서 아이의 생활습관이 만들어질 수 있답니다.

말의 분위기와 몸짓	건네는 말
옷을 벗기 전에	• 순서대로 벗기 "외투 먼저 벗고 티셔츠 벗자." "티셔츠/바지/치마/외투/우비 벗어." • 날씨를 이야기하며 "밖에 날씨가 덥지? 옷이 젖었어. 축축해졌어. 갈아입자."
옷을 벗으며 (그 외 양말, 장갑, 모자, 목도리 등)	"지퍼 내려." "양말/모자 벗어./장갑도 빼./목도리 풀러." "옷 벗고 손 씻자/닦자."
옷을 갈아입으며	"내복으로 갈아입어. 편한 옷으로 입자."
빨래 바구니에 넣으며/옷걸이에 옷을 걸며	"입은 옷은 바구니에 넣자. 옷 빨아야 돼. 깨끗하게 빨자." "외투는 내일도 입자. 옷걸이에 걸어."
내일 계획을 이야기하며	"내일은 어떤 옷 입을까? 무슨 옷 입고 싶어?" "내일은 친구들이랑 같이 소풍 갈 거야. 바지 입고 가자." "내일은 비가 온대. 우비 입자." "내일은 날씨가 덥대/춥대. 시원하게/따뜻하게 입자."

- 옷과 관련된 단어: 옷, 티(셔츠), 치마, 바지, 내복, 양말, 모자, 목도리, 장갑, 우비
- 관련 동작어: (옷, 양말, 모자) 벗어, (옷) 갈아입어, (빨래 바구니에) 넣어, (옷) 빨아, (지퍼) 내려, (목도리) 풀러
- 상태/ 감정을 나타내는 말: (옷이) 커/작아, 깨끗해/더러워, 축축해, 젖었어, (옷이) 편해/불편해
- '옷 입을 때' 아이에게 들려주었던 단어를 필요에 따라 상황에 맞게 사용해 보세요.

신발 신을 때

외출하기 전에는 분주할 가능성이 커요. 아이가 신고 싶은 신발이 있는지 물어볼 겨를도 없이 문을 나서기 쉽지요. 아이가 신고 싶은 신발을 평소에 물어보세요. 함께 신발 정리를 하며 엄마·아빠의 신발을 살펴보는 시간을 가질 수 있어요.

아이에게 어른의 신발은 재미있는 놀잇감이 될 때도 있습니다. 평소 아이가 관심을 보이는 신발의 이름을 말해주세요. 누구의 신발인지, 어떤 색깔인지, 크기는 어떠한지, 언제 신는지 아이에게 말해주세요. 신발을 더 친숙하게 느끼는 시간이 만들어져요.

때로는 신발 신기를 거부하는 아이도 있어요. 아이가 신발을 만져보고, 직접 발에 넣어보고, 감각을 느껴볼 수 있도록 이끌어 주세요. 신발을 신을 때, "쏘~옥"과 같은 재미있는 소리도 함께 들려주면, 더욱 풍성한 상호작용을 할 수 있어요.

말의 분위기와 몸짓	건네는 말
신발 신을 준비를 하며	"신발 신을 거야? 신발 신고 나가자." "○○(아이 이름)이 신발은 어디 있을까? 찾아보자. 무슨 색 신발이지?" "신발장에서 신발 꺼내자."
아이가 엄마·아빠의 신발을 가리킬 때	"엄마/아빠 신발이네. 신발이 크-다. (아이름) 신발은 작-아." "이건 엄마 구두야. 굽이 높아." "이건 아빠 구두야. 회사에 갈 때 신어."
신발을 신기며	"쏘~옥, 발이 들어가! 딱 맞네!" "신발이 어때? 편해?" "오늘은 비가 오니까 장화 신자. 장화 신고 나가자."
외출할 곳에 대한 이야기 나누기	"신발 신고 어디 갈까? 어디 가고 싶어?" "뛰지 말고 천천히 걸어가자."

- 신발과 관련된 단어: 구두, 운동화, 장화
- 관련 동작어: 신어, (발) 넣어, (신발장에서) 꺼내, 갈아신자
- 상태/감정을 나타낸 말: (신발이) 커/작아, (신발이) 딱 맞아/불편해, (발이) 아파, (굽이) 높아
- 의성어/의태어: (발을 신발에 넣으며) 쏘-옥, (구두소리) 딱딱/ 또각또각

신발 벗을 때

신발을 신을 때보다 신발을 벗는 순간은 더욱 짧은 시간이에요. 아이가 급하게 신발을 벗으려고 한다면, 차분하게 신발을 벗으며 정리할 수 있도록 곁에서 도와주세요. 엄마가 먼저 신발을 가지런히 놓는 모습을 보여주세요.

말의 분위기와 몸짓	건네는 말
아이가 신은 신발을 벗기며	"신발 벗자. 왼발, 오른발, 신발 벗자."
신발을 벗은 후 신발을 놓으며	"신발장에 놓자/ 올리자." (신발장을 가리키며) "여기에 놓을까? 위에/아래 놓자."
놀이터에 다녀온 후	"신발에 묻은 모래 털어." (신발을 닦으며) "깨끗하게 닦자."
아이가 다녀온 곳을 이야기하며	"어린이집/놀이터에 갔다 왔지?" "이제 신발 벗고 씻자/밥 먹자/쉬자."

- 신발과 관련된 동작어: 벗어, (발) 빼, (신발장에) 올려/놓아, (모래) 털어
- 상태/감정을 나타낸 말: (신발이) 더러워/깨끗해
- 의성어/의태어: 발소리를 말로 표현하기(쿵쿵, 쾅쾅, 딱딱, 또각), (신발을 벗으며) 쑤-욱

등원 준비할 때

등원 준비를 하는 상황은 하루 중 엄마의 마음이 가장 분주해지는 때입니다. 등원 차량이 오는 경우는 더 그렇지요. 등원 전날 밤, 내일 입고 갈 옷과 준비물을 미리 챙겨보세요. 전날 저녁은 다음 날 아침보다 덜 분주합니다. 아이가 직접 내일 입고 가고 싶은 옷을 고르고 필요한 물건을 가방에 넣을 수 있지요.

아이와 등원 전에 필요한 물건을 찾아보는 놀이도 함께 할 수 있어요(예: "물병은 어디에 있을까?"). 아이가 적절한 반응을 보일 때, 칭찬하는 말을 듬뿍 들려주세요. 엄마도 등원 준비에 대한 부

담감을 덜어낼 수 있습니다. 아이도 즐거운 마음으로 준비할 수 있을 거예요.

말의 분위기와 몸짓	건네는 말
가방에 준비물을 넣을 때	"물통(물병)/손수건/물티슈/식판 가방에 넣어." "이불은 이불 가방에 넣자. 이불 개서 가방에 담아."
아이와 함께 등원 준비물 찾아보기	"물통/가방/실내화/실내화는 어디에 있을까?" • 물통/식판/숟가락/포크 "식탁/선반/싱크대 위에 있어. " • 손수건/물티슈 "서랍 안에 있어." "세탁기 안에 있어." • 실내화 "화장실에 있어. 엄마가 닦았어."
내일 계획/등원 이후 계획을 이야기하며	"가방 지퍼 닫자. " "가방이 무거워졌어." (식단표를 보며) "내일은 미역국 먹을 거야."

• 등원 준비물 준비와 관련된 단어: 어린이집 가방, 이불, 물병, 식판, (손)수건, 물티슈
• 관련 동작어: (가방에) 넣어, (물건이 있는 장소)에서 꺼내, (실내화) 닦아
• 상태/감정을 나타낸 말: (가방이) 무거워
• "○○(준비물 이름)은 어디에 있나, 여~기" 노래를 함께 부르며 찾아보세요.

어린이집에 갈 때

가정마다 등원길 환경이 다릅니다. 사는 지역과 등원 방법에 따라 보이는 풍경과 날씨 등 아이에게 들려줄 수 있는 말의 재료가 달라집니다. 등원 전, 아이는 엄마와 헤어지는 데 아쉬움을 느끼고, 불안감을 보일 수도 있어요. 아이가 긴장을 풀고 용기를 내서 어린이집으로 향할 수 있도록 다정하게 엄마의 말을 들려주세요. 아이의 마음을 읽어주면서 따뜻하게 안아주세요.

말의 분위기와 몸짓	건네는 말
걸어갈 때(도보)	• 주변의 자연을 보며 “날씨가 좋다!” “새/까치/까마귀/비둘기가 울어.”(예: 짹짹, 까까, 구구) • 구름: “뭉게구름/깃털구름/비구름/먹구름/그 외 구름의 모양+구름이 멋지네.” • 꽃: “(빨간/노란/하얀)+꽃/민들레/장미/나팔꽃/접시꽃이 예쁘다.” • 풀: "초록색/갈색/뾰족한/긴/짧은+풀이 자랐어.” • 나무: “나뭇잎이 빨개졌어. 빨간 옷을 입었어”, “감이 주렁주렁 달렸어.” • 날씨: “따뜻해/더워/쌀쌀해/습해/바람 불어/비가 와/추워/눈이 내려.”

어린이집 차를 탈 때	• 어린이집 차를 기다리며 "차가 오고 있대!" "저기, 차 온다! 노란색 차!" "조심해서 차에 타자. 선생님께 인사해." "잘 다녀와. 엄마가 기다리고 있을게/엄마도 회사에 다녀올게."
엄마 차를 탈 때	"조심해서 타." "안전벨트 매자." • 주변을 보며 "신호등이 빨간색/초록색/노란색이야." • 횡단 보도를 보며 "언니가/오빠가/할머니가/할아버지가/친구가 건너가." "구급차/소방차/트럭/오토바이+지나가." "길이 막히네. 도로에 차가 많아." "빨리 가자/천천히 가자/늦었어!"
아이에게 용기와 응원을 전하는 말	"이따가 다시 만나. 엄마가 ○○(아이 이름)이 기다릴게." "오늘도 ○○(아이 이름)(이)는 잘 다녀올 수 있을 거야." "선생님과 친구들과 재미있게 놀 수 있어서 좋겠다."
인사 나누기	• 엄마에게: "다녀오겠습니다." • 선생님께: "선생님, 안녕하세요." • 친구에게: "(친구의 이름을 부르며) 안녕!"

• 등원(길)과 관련된 단어: 날씨(비, 눈, 해, 구름), 자연, 계절, 새, 나무 열매, 도로 위의 차 등 다양한 모습을 함께 관찰하며 이름을 들려주세요.

• 관련 동작어: (어린이집) 가, (차에) 타, 걸어가, (차가) 많아, (길이) 막혀

• 상태/감정을 나타낸 말: 기대돼/즐거워/아쉬워, 천천히/빨리, 더워/추워

• 의성어/의태어: (바람이) 살랑살랑, (비가) 주룩주룩, (감이) 주렁주렁, (구름이) 둥둥/뭉게뭉게

어린이집에서 올 때

먼저, 기관에서 일과를 마치고 온 아이를 반갑게 맞아주세요. "엄마가 기다리고 있었어. 씩씩하고, 멋지다!" 격려하는 말도 함께 전해주세요. 긴장했던 아이의 마음이 따스한 포옹과 함께 녹을 거예요.

말의 분위기와 몸짓	건네는 말
걸어올 때(도보)	• 어린이집에 갈 때와 동일한 말(날씨, 자연, 풍경 등) • 날씨의 변화가 있다면 함께 말해주세요. "아침에는 비가 왔는데, 비가 그쳤어." "아침에는 더웠는데, 시원해졌어." "아침에는 비가 안 왔는데, 지금은 비가 오네(+ 우산 쓰자)."
어린이집 차에서 내릴 때	"조심해서 내리자." "선생님께 인사하자."
엄마 차를 타고 집에 올 때	• 차를 타고 갈 때와 동일한 말(도로, 지나가는 사람의 모습) • 아이와 다른 장소로 이동할 때 "엄마랑 마트에/키즈카페/놀이터에 가자." "마트에 가서 우유랑 바나나 사자." "놀이터/키즈카페에 가서 미끄럼틀/그네/시소 타고 놀자."
아이에게 격려를 전하는 말	(아이를 안아주며) "반가워! 오늘도 너무 멋지다." "오늘도 어린이집에 잘 다녀왔어." "엄마가 OO(아이 이름)이 기다리고 있었어./엄마도 회사에서 열심히 일하고 왔어." "이제 엄마랑 마트/병원/키즈카페에 가자."

어린이집에서의 일과 말하기	• 아이가 일과를 나누는 것/질문에 대답하는 것에 어려움을 보인다면, 엄마의 일과를 들려주세요. • 집에 도착한 후, 키즈노트를 함께 보며 이야기를 나누면, 대화를 더 오래 지속할 수 있어요. "어린이집에서 뭐 먹었어? 엄마는 OO 먹었어." (키즈노트를 보며) "어린이집에서 뭐 만들었어?"
인사 나누기	• 엄마에게: "다녀왔습니다." • 선생님께: "선생님, 안녕히 가세요." • 친구에게: "친구 이름+안녕! 내일 또 만나자."

• 하원(길)과 관련된 단어: 등원 길에서 보았던 자연/환경, 날씨, 도로의 모습, 행인의 모습
• 관련 동작어: (차에서) 내려, (마트/병원에) 가
• 상태/감정을 나타낸 말: 기대돼/즐거워/아쉬워, 더워/추워, (길이) 막혀
• 의성어/의태어: (바람이) 살랑살랑, (비가) 주룩주룩, (감이) 주렁주렁, (구름이) 둥둥/뭉게뭉게, (차가) 쌩쌩

하원길은 등원길에서보다 편안한 마음으로 이야기를 나눌 수 있습니다. 날씨가 좋은 날은 함께 주변 풍경을 보며 이야기를 나눌 수 있지요.

그림책 읽어줄 때

거실은 그림책을 읽어주기에 최상의 장소입니다. 물론, 거실뿐 아니라 침실을 비롯한 아이와 함께하는 모든 곳이 그림책을 읽어주기에 최적의 장소라고 할 수 있겠지요. 그럼에도 거실은 아이가 편안함을 느끼며 놀이 공간으로 여길 수 있는 공간입니다.

엄마에게도 긴장감이 사라지는 곳이 될 수 있고요.

그림책을 읽어주는 방법에 대해서는 이어지는 챕터에서 자세히 다루고자 합니다. 이 챕터에서는 그림책을 읽어줄 때 아이에게 어떠한 말을 들려줄지, 읽기 전에 어떻게 아이의 관심을 유도할지, 읽고 난 후에는 어떤 말을 들려주면 좋을지 전해드릴게요.

그림책을 준비하는 주체는 엄마지만, 그림책에 함께 집중하고 선택하는 주체는 바로 '아이'입니다. 그림책을 함께 읽을 때의 주인공이 아이임을 기억한다면, 그림책을 읽기 전/중/후에 들려줄 말을 떠올리는 과정이 어렵지 않을 거예요.

말의 분위기와 몸짓	건네는 말
그림책을 선택할 때	□ 아이가 먼저 선택할 수 있도록 유도해요. (아이가 좋아하는 책 두세 권의 표지를 보여주며) "어떤 책 읽을까?" □ 아이가 그림책을 선택하지 않을 경우, 가장 최근에 함께 재미있게 보았던 책을 보여주세요. "이거 봐! 우리 같이 읽었지?" (예: 《달님 안녕》과 《사과가 쿵》 두 권의 그림책을 보여주며 선택 유도하기) "짜잔~ 달님 책 볼까, 사과 책 볼까?"
그림책 표지를 보며	□ 표지에 담긴 그림을 하나씩 말해주세요. (예: 《두드려 보아요》 책을 보며) "파~란 문이네 ! 똑똑! 문 두드려!" (제목을 엄마 손가락으로 가리키며) "두, 드, 려, 보, 아, 요! 똑똑! 문 두드리자!"

그림책을 읽으며	□ 아이가 가리키는 것을 말해주세요.(예: "토끼도 있고, 당근도 있네!") □ 글자를 다 읽지 않아도 괜찮아요. 아이가 현재 관심을 보이는 것에 함께 주의를 기울여 주세요.
그림책을 읽고 난 후	□ 그림책 내용에 대한 질문보다, 함께 보았던 것을 말해주세요. (예: "누가 나왔지?"와 같은 질문 금지 → "토끼도 나왔고, 당근도 나왔어. 토끼가 당근 먹었어! 아삭아삭!")
그림책으로 대화 유도하기	□ 그림책에서 보았던 것을 일상에서 보았을 때, 자연스러운 대화를 유도할 수 있어요. (예: 달을 가리키며 "우리 책에서 보았던 달이다! 인사해볼까? 달님 안녕~!")

□ 상황별 그림책 읽기

• 그림책을 읽는 도중에 아이가 다른 장난감이나 다른 책을 가지고 올 때

예를 들어, 교통수단 주제의 책을 읽다가 아이가 자신의 장난감 트럭을 가지고 올 수 있어요. 이때에는 함께 읽고 있던 책을 펼쳐둔 후(예: 도로가 나오는 장면), 아이의 유도를 그대로 따라가 주세요(예: "트럭 가지고 왔구나. 도로 그림을 보니까 트럭이 생각났구나. 트럭에 무엇을 담아볼까?") 책 한 권을 다 읽지 않아도 괜찮아요. 놀이로 상호작용의 깊이를 더해주세요.

• 그림책을 읽는 도중에 아이가 책을 덮을 때

아이가 책을 덮기 전까지 충분한 상호작용이 이루어졌다면, 책을 덮더라도 괜찮아요. 그림책을 처음부터 끝까지 읽고자 하는 바람은 엄마의 목표일 수 있어요. 아이는 그림책을 통하여 엄마의 사랑을 느끼며, 함께 관심사를 공유하고 하고 싶은 바람이 가장 크답니다!

침실에서 말해요

침실은 하루를 시작하는 공간이자 마무리 짓는 아늑한 장소입니다. 아이의 컨디션에 따라 엄마의 말을 들려주세요. 언어 자극의 양도 중요하지만, 특히, 침실에서는 엄마의 사랑을 온몸으로 느낄 수 있어야 합니다. 하루의 시작과 마무리를 하는 시간에 아이를 마음껏 안아주세요.

침실에 반드시 아늑한 침대가 있어야만 하는 것은 아닙니다. 아기 침대가 아이 방에 따로 있는 가정도 있고, 이불에서 다 함께 자는 가정도 있을 거예요. 상황에 따라 유연하게 엄마의 말을 들려주세요.

일어나서

하루의 시작입니다. 충분한 수면 시간을 갖는다면 좋겠지만, 그렇지 않은 날도 있어요. 아침에 일어난 후에는 엄마도 피곤함이 바로 가시지 않을 수 있지요. 아이가 먼저 깬 후, 방을 어지르고 있는 모습을 발견하는 경우도 있고요.

먼저, 아이의 이름을 부르며 다정하게 아침 인사를 건네보세요. 날씨 이야기로 말문을 열면, 대화를 보다 길게 이어갈 수 있습니다. 포근한 스킨십까지 나눈다면, 엄마의 분주한 마음이 가라앉을 거예요.

말의 분위기와 몸짓	건네는 말
아이의 이름을 나긋하게 부르고 안으며	"○○야, 아침이야. 일어났구나! 엄마가 안아줄게."
창문(커튼을 치며)	"해님이 떴네, 밖이 환해졌다." "밖에 비가(눈이) 오나 봐. 이따가 우산 쓰고 나가자."
아이를 부드럽게 깨우며	"○○야, 이제 일어나자, 아침이야." "엄마랑 같이 맛있는 아침밥 먹을까?"
이불을 정리하며	"이불 개자/이불 정리하자." (창문을 열며) "먼지도 털자."
아이와 하루를 시작하는 대화를 나누며	"창문 열어볼까? 오늘은 밖에 날씨가 어떨까?" "아침밥 먹을까? 뭐 먹고 싶어?" "좋은 꿈 꿨어? 어떤 꿈 꿨어?" "아침밥 먹고 어린이집 가자. 오늘도 친구들이랑 재미있겠다."

- ‘침실에서 일어날 때’ 관련된 단어: 이불, 베개, 창문, 밖, 아침밥
- 관련 동작어: 일어나, (창문) 열어/닫아, (이불) 개자, (아침밥) 먹어, (커튼) 치자
- 상태/감정을 나타낸 말: 상쾌해/피곤해/배고파/더 자고 싶어/(날씨가) 좋아/비가 와/추워/더워/바람 불어/눈이 내려
- 의성어/의태어: (해가) 쨍쨍, (바람이) 쌩쌩, (비가) 주룩주룩, (눈이) 펑펑

잠잘 때

자기 전에 아이와 함께하는 침실은 하루를 마무리하며 잠자리 독서를 할 수 있는 공간이 됩니다. 잠자리 독서는 잠들기 전, 아이와 함께 책을 읽는 시간이에요. 아이의 생활 패턴에 따라 유연하게 조정할 수 있습니다. 편안하게 하루를 마무리하는 과정이 중요합니다.

아침에 책 읽는 것을 좋아하는 아이라면 오전에 책을 읽어주세요. 그림책을 읽어줄 때 흥분하거나 쉽게 잠이 들기 어려운 경우에도, 오전이나 오후 시간을 활용할 수 있어요. 반드시 자기 전에 책을 읽어주어야 한다는 법칙은 없습니다.

잠들기 전 중요한 것은 아이가 편안하게 잠들 수 있는 분위기입니다. 아이가 답을 하는 데 많은 에너지가 드는 질문을 하기보다 엄마의 나긋하고 다정한 목소리를 들려주세요. 아이가 자는 것을 거부한다면, 아이를 안아주며 엄마가 곁에 있다는 메시지를 지속적으로 전해주세요.

말의 분위기와 몸짓	건네는 말
아이의 이름을 부르고 안으며	"잘자. 엄마가 ○○(아이 이름)이 사랑해."
창문을 가리키며	"오늘도 달님이 떴네, 밤이 되었어. 동그란 달/초승달/반달이야." "밖이 깜깜해/어두워/캄캄해졌어." "반짝반짝, 별이 많아."
스위치를 가리키며/ 불을 끄고 난 후	"불 꺼/불 끄자. 깜깜해/어두워졌어." "엄마가 옆에 있어. 괜찮아."
이불을 펴며/ 이불을 덮어주며	"이제 이불 펴고 자자. ○○(아이 이름)이 이불은 보라색이네." "베개 베고 자. 엄마 베개는 크고, ○○(아이 이름)이 베개는 작아." "이불 덮고 자. 이불 안 덮고 자면 감기 걸려. 따뜻하게 이불 덮자."
아이 이름을 부르며	• 아이가 잠드는 것을 거부할 때 "엄마가 ○○(아이 이름)이 곁에 있을게." • 아이에게 격려와 사랑을 전할 때 "오늘도 정말 멋졌어. 사랑해." • 자기 전 인사할 때 "좋은 꿈 꿔.", "꿈에서 만나.", "잘자." • 아이가 하품할 때 "피곤하구나/졸리구나. 이제 자자."

□ 잠자리에 들기 전, 아이에게 가장 좋은 그림책은 '아이가 선택한 그림책' 입니다. 아이가 선택한 책으로 인해 흥분하거나 잠들기에 어려운 모습을 보인다면, 분위기가 차분해지는 책을 읽어주세요.

- 《잘 자요, 달님》(마거릿 와이즈 브라운 저, 시공주니어)
- 《오늘도 너를 사랑해》(이누이 사에코 저, 비룡소)
- 《잠이 오는 이야기》(유희진 저, 책소유)

- '침실에서 잠잘 때' 관련된 단어: 이불, 베개, (필요한 경우) 그림책
- 관련 동작어: (이불) 펴, (이불) 덮어, (베개) 베자, (창문) 닫아
- 상태/감정을 나타낸 말: 피곤해/ 졸려/ 따뜻해/포근해, (밖이) 어두워/깜깜해/캄캄해

☐ '작은 별', '자장가'와 같은 노래를 불러주며 아이에게 예쁜 노랫말을 들려주세요.

욕실에서 말해요

가정마다 욕실의 모습이 다릅니다. 욕조의 유무도 다르고, 아이가 어릴 때는 욕실이 아닌 방 안에서 목욕을 시키는 경우도 있지요. 거실이나 침실보다 아이의 안전이 우선되는 공간이기도 합니다.

욕실은 단순히 목욕만 하는 곳이 아닌, 배변, 양치, 손 씻기와 같은 생활습관이 만들어지는 공간입니다. 이 때문에, 아이마다 욕실을 선호하는 정도에는 차이가 있습니다. 어떤 아이에게는 마치 놀이터와 같이 재미있는 공간이지만, 어떤 아이에게는 두려움의 공간으로 여겨질 수 있습니다.

욕실을 엄마가 재미있는 말을 들려주는 공간이 되게 초점을 맞춰주세요. 부드럽게 아이의 신체를 만져주며 다양한 의성어와 의태어를 들려주세요. 목욕 놀이를 할 때, 다양한 장난감을 활용하면 아이와의 상호작용을 더욱 풍성하게 만들 수 있어요. 아이가 욕실을 떠올렸을 때, 엄마와 즐겁게 놀이하는 모습이 연상될 수 있도록 해볼까요?

목욕할 때

목욕하는 시간에 아이에게 재미있는 말을 들려주세요. 아이는 '뽀글뽀글, 쓱싹쓱싹'과 같은 재미있는 소리에 주의를 더욱 기울입니다. 비누 거품을 만들고, 직접 만져보며 미끄러운 느낌을 느껴볼 수 있도록 유도해 보세요.

아이의 몸을 닦으며	"비누 거품 만들자. 뽀글뽀글." "머리에 거품 발라. 머리 감자." "얼굴/팔/다리/배/엉덩이/손 닦아."
샴푸/바디워시를 사용하며	"샴푸/바디 워시 뚜껑 열어." "(샴푸 펌프) 위를 누르면 나와. 꾸-욱 눌러 봐. 많이 나왔네." "비누 거품 헹구자. 깨끗하게 헹궈."
욕조에 들어갈 때	"욕조 안에 들어가자." "물이 뜨거워/차가워." "물이 깊어/얕아." "물 안 뜨거워. 이제 욕조에 들어가자."
아이를 부드럽게 닦아주며	"아이, 깨끗해! 깨끗해졌어. " "상쾌하지? 좋은 냄새가 나!" "어디 더 닦을까? 이제 다했다."

- '목욕'과 관련된 단어: 목욕용품(비누, 샴푸, 바디 워시), 거품, 수건, 신체 부위(얼굴-눈/코/입, 몸-머리/어깨/무릎/발/허리/엉덩이/팔)
- 관련 동작어: (머리) 감아, (수건으로) 닦아, (비누거품) 헹궈
- 상태/감정을 표현하는 말: 뜨거워/차가워, 더러워/상쾌해/깨끗해/개운해
- 의성어/의태어: 뽀글뽀글, 뽀드득, 반짝반짝, 쓱싹쓱싹, 첨벙첨벙

머리부터 몸까지 부드럽게 닦으며 각 신체 부위의 이름과 동작어를 함께 익힐 수 있어요. 눈, 코, 입에 거품을 묻히거나, 머리, 어깨, 무릎에 거품을 발라주며 노래도 함께 불러주세요. 아이에게 즐거운 기억이 쌓이면서 매일 목욕하는 시간을 기다릴 거예요.

즐거운 목욕 놀이를 돕는 장난감

	이름	활용 방법
	누비 바다친구 물놀이	□ 오리, 거북이, 물고기, 꽃게, 악어 모형을 물 위에 둥둥 띄워요. "물에 둥둥", "물에 띄워", "물 위에 올려", "헤엄쳐"
	핑크퐁 목욕 놀이 스티커	□ 스티커를 하나씩 욕실 벽에 붙여요. "(바다 생물 이름)+붙여" "엄마는 뭐 붙일까? 같이 붙이자" "목욕 끝났다. 이제 스티커 떼자" "어떤 것 먼저 뗄까?"

	목욕놀이 장난감	□ 모래 놀이를 할 때 사용했던 장난감을 함께 활용할 수 있어요. • "물 담아", "물 따라", "물이 빠져", "물 어디에 담을까?", "큰 통에 담을까, 작은 통에 담을까?" □ 물 위에 장난감을 띄우며, 아이가 스스로 조작해볼 수 있도록 도와주세요.

목욕하고 난 후

아이를 목욕시킨 후에는 수건으로 아이의 몸을 닦아주세요. 그러고 난 후, 각 신체부위에 로션을 부드럽게 발라주세요. 아이의 이마, 코, 턱, 배, 다리에 로션을 발라주며 신체 부위의 이름을 한 번 더 들려주세요.

아이가 엄마의 몸에 로션을 발라주며 스킨십을 이어갈 수도 있어요. 목욕 이후에 엄마의 에너지가 소진될 때도 있지만, 아이와의 스킨십은 하루의 피로를 녹여줍니다. 엄마와 아빠가 함께 또는 교대로 아이의 목욕을 도와주세요. 아이는 매일매일 더 신선한 말자극을 받을 수 있습니다.

말의 분위기와 몸짓	건네는 말
아이의 몸을 수건으로 감싸며/닦으며	"수건 꺼내자." "수건으로 몸 감싸." "얼굴/팔/다리/배/엉덩이/팔/손 닦아."

욕실을 정리하며	"욕조에 있는 물 빼자." "물이 빠지고 있어." "샴푸 뚜껑 닫아." "바닥에 비누거품 닦아. 미끄러워."
머리를 말리며	"수건으로 머리 닦자. 머리가 젖었어." "머리에 물기 털어." "드라이기로 머리 말리자. 따뜻한 바람으로 말려."
미리 꺼내놓은 옷을 입으며	"팬티 입고 내복 입자." "잠옷 입어."
로션을 발라주며	얼굴: "이마/코/입에 로션 발라." 신체: "팔/다리/배에 로션 발라."
아이의 젖은 몸을 닦아주며	"깨끗해졌어! 상쾌하겠다." "머리에서/몸에서 좋은 냄새가 나!" "목욕하고 나니까, 기분이 어때?"

- 목욕하고 난 이후에 사용하는 사물: 로션, 수건, 신체부위(얼굴, 팔, 다리, 배, 엉덩이, 팔, 손), 머리, 속옷(팬티), 내복, 잠옷
- 관련 동작어: (수건) 꺼내, (수건으로) 닦아, (로션) 발라, (뚜껑) 닫아, (머리) 젖어, (머리) 말려, (속옷/잠옷/내복) 입어
- 상태/감정을 표현하는 말: 상쾌해, 시원해, 부드러워, (비누/로션) 향이 좋아
- 의성어/의태어: 뽀송뽀송, (로션을 바르며) 미끌미끌

양치할 때

아이가 칫솔로 이를 닦을 시기가 되면, 엄마는 조심스레 아이의 이를 닦아줍니다. 이때, 아이에게 말자극을 유연하게 들려주

기 어려울 수 있어요. '치카치카', '오물오물', '퉤!'와 같은 재미있는 말을 들려주세요. 아이에게 양치하는 상황이 친숙해질 수 있어요.

양치에 대한 거부감이 있다면, 인형과 장난감 칫솔을 활용해 보세요. 인형의 이를 닦아주는 놀이를 하면서 양치 연습을 할 수 있어요. 마찬가지로 "치카치카", "(인형 이름) 이 닦자", "깨끗하게 이 닦자"와 같은 말을 들려주세요. 아이가 가지고 있는 양치에 대한 두려움이 줄어들 수 있을 거예요.

말의 분위기와 몸짓	건네는 말
칫솔 위에 치약을 짜며	"치약 (칫솔 위에) 짜. 치약 꾸욱 눌러. 치약 손으로 짜." "치약 안 매워." "치약에서 사과/딸기 맛이 나네."
아이의 이를 닦아주며	"치카치카, 이 닦아." "깨끗하게 닦자. 위로, 아래로, 옆으로 닦자." (아이의 이에 따라) "윗니/아랫니 닦아." "뽀글뽀글 거품 나온다."
입을 헹구며	"오물오물, 퉤! 뱉어." "물로 입 헹구자." "물 마시지 않고, 뱉어야 해."
아이의 이를 거울로 보여주며	"깨끗해졌네. 거울 봐! 이가 하얘졌어." "'이~' 해볼까? 이가 하얗다."

- 이를 닦을 때 사용하는 사물: 칫솔, 치약, 수건, 치아(위/아래/옆), (치아) 하얀색
- 관련 동작어: (치약) 짜, (이) 닦아, (물) 뱉어, (입) 헹궈
- 상태/감정을 표현하는 말: 상쾌해, 시원해
- 의성어/의태어: 치카치카, 뽀글뽀글(거품), 오물오물, 퉤!

소변볼 때/대변볼 때

아이가 배변훈련을 시작하기 전에는 기저귀에 용변을 봅니다. 화장실을 이용하지 않을 가능성이 크지요. 대소변 시 아이에게 들려주는 대화는 화장실 안에만 한정되지 않습니다. 기저귀를 떼고 변기에 용변을 볼 때까지 배변훈련을 하는 과정에 엄마의 말을 들려주세요. 거실이나 화장실 앞에 놓여 있는 아이용 변기에서도 말자극을 줄 수 있어요.

변기에 용변을 보는 것 또한 양치와 같이 인형이나 장난감 변기를 활용하면서 놀이로 이어갈 수 있어요. 화장실을 낯설게 느끼는 아이에게 장난감 변기에 인형을 앉히는 놀이는 변기에 대한 친근감을 더해줍니다.

말의 분위기와 몸짓	건네는 말
기저귀에 용변을 볼 때/ 기저귀에 용변을 본 후에	"쉬/응가 했구나. 기저귀 가지고 올까?" "기저귀가 축축해졌네. 쉬 했구나. 기저귀 새로 갈자."
아이만의 변기에 용변을 볼 때	"변기 뚜껑 열어. 변기에 앉아." "쉬~ 해보자. / 응가 해보자." "쉬~ 나왔네! / 응가 나왔네!" "정말 잘했어. 멋지다!" (큰 변기에 버리며) "쉬/응가 안녕~ 하자."

화장실 안에서 용변을 볼 때 (아이의 변기가 있는 경우)	(아이의) "변기 커버 내려. 변기에 앉아." "변기가 커서 무서워? 엄마가 옆에 있을게." "쉬~ 나왔네!/ 응가 나왔네!" "정말 잘했어. 시원하지?" "이제 물 내리자. (변기 물을 내리며) 여기 눌러! 쉬/응가 안녕~"
아이가 용변을 보는 것을 무서워할 때	"변기가 커서 무섭구나. 엄마가 옆에 있을게." "응~가! 힘을 주면 나올 거야." "○○(아이 이름)이 응가는 어떤 색일까? 어떤 모양일까?"
아이가 성공적으로 용변을 보았을 때	"정말 잘했어. 용기를 냈구나!" "응가 색깔도 너무 예쁘다."

- 용변을 보는 것과 관련된 단어: 응가, 똥, 쉬, 오줌, 변기
- 관련 동작어: (변기에) 앉아, (똥) 누다, (바지) 내려, (기저귀) 빼, (기저귀) 갈아, (옷) 입어, (팬티) 입어
- 상태/감정을 표현하는 말: 배 아파, 상쾌해, 시원해, (기저귀) 축축해
- 의성어/의태어: 풍덩, 쉬~

□ 본 표에서는 '오줌'보다 가정에서 더 자주 사용되는 표현인 '쉬', '소변'을 넣어 말자극의 예를 들었어요.

□ 아이와 함께 클레이를 활용하여 똥을 만들어 보세요. '큰 똥, 작은 똥, 딱딱한 똥, 말랑말랑한(물렁물렁한) 똥을 만들며 변기와도 친숙해질 수 있어요. 다양한 어휘도 함께 익힐 수 있습니다.

손 씻을 때

손을 씻는 습관은 아이의 위생을 위해서도 중요해요. 펌프를 누르면 거품이 나오는 비누, 손에 문지르는 고체형의 비누를 사

용해서 손을 닦을 수 있지요. 물을 틀 때부터 거품으로 손을 문지르고 헹구기까지의 과정을 엄마의 말로 간단히 표현해 주세요.

말의 분위기와 몸짓	건네는 말
물을 틀어주며	"물 틀어. 손잡이 올려/내려."
엄마의 손에 물을 대며	"물이 따뜻해/차가워/뜨거워/미지근해."
손에 비누를 묻히며	(펌프를 누르며) "손잡이 눌러. 비누 거품 나와." "손에 비누 거품 묻혀/발라." "비누가 미끄러워, 미끌미끌."
물로 손을 닦으며	" 싹싹, 손 닦아(씻어). 깨끗하게 닦자."
물로 손을 헹구며	"깨끗한 물로 손 헹구자." "비누 거품 닦자. 거품 안녕~" "거품이 보이네. 뽀글뽀글."
수건으로 손을 닦으며	"톡톡! 물 털자!" "수건으로 손 닦아. 뽀송뽀송해."
손을 닦은 후 아이의 손에 로션을 발라주며	"손이 깨끗해졌네. 엄마가 이제 로션 발라줄게." (로션을 바른 후) "손이 부드러워졌어. 냄새도 맡아볼까? 향기가 나."

- 손 씻기와 관련된 단어: 손, 손잡이
- 관련 동작어: (손) 닦아/씻어, (손잡이) 눌러/올려/내려, (거품) 묻혀, (물기) 털어
- 상태/감정을 표현하는 말: (물) 뜨거워/따뜻해/미지근해/차가워, (손이) 깨끗해/향기 나, (비누 거품이) 미끄러워
- 의성어/의태어: (손 닦기) 싹싹/쓱싹쓱싹, (비누 거품) 보들보들, 뽀글뽀글. 뽀송뽀송

식탁에서 말해요

식탁은 아이와 대화를 나눌 수 있는 공간 중 하나입니다. 가정마다 주방과 식탁의 모습은 다르지만, 밥을 먹을 때는 엄마와 아이가 함께 마주 앉지요. 식탁 위에 놓인 이유식(또는 죽), 국, 반찬의 이름과 맛에 대한 이야기만으로도 대화의 문을 열 수 있습니다.

식사시간만큼은 가급적 식탁 위에 디지털 기기를 두지 않도록 합니다. 아이가 음식의 질감을 충분히 느끼며 먹고, 엄마의 이야기에도 귀를 기울일 수 있을 거예요. 영유아기의 식습관은 이후의 성장 과정에도 영향을 줍니다. 식탁에서 아이와 대화를 나누는 시간, 우리 집 식탁에서도 만들질 수 있어요.

아침/점심/저녁 식사시간

아이를 위한 식사를 준비할 때부터 엄마의 말자극이 시작됩니다. 음식 재료를 손질할 때, 아이의 그릇에 음식을 담을 때, 그리고 아이를 의자에 앉힐 때까지 엄마의 말을 들려줄 수 있습니다. 어떤 메뉴를 준비하고 있는지, 어떤 재료가 필요한지, 맛은 어떠할지에 대해서 아이에게 들려주세요.

아이의 컨디션이 좋지 않아 식사시간에 말을 들려주지 못할 때도 있어요. 아침 식사시간은 등원 준비로 인해 더욱 분주하게 지나가지요. 평소에 아이가 낯선 음식에 익숙해질 수 있도록 재료를 보여주는 시간을 만듭니다(예: 마트에서 채소 함께 보기). 익숙한 재료에 대한 이야기를 나누며 식사 중 실랑이를 줄일 수 있습니다. 또한 엄마도 음식을 골고루 먹는 모습을 보여 주세요. 아이에게 엄마가 먹는 음식에 대한 호기심을 갖게 할 수 있어요.

말의 분위기와 몸짓	건네는 말
아이와 마주 보며	"밥 먹자. 배고프지?" "엄마랑 같이 먹자. (아이 의자를 가리키며) 여기에 앉아."
아이가 도구를 사용할 때	"숟가락으로/포크로/젓가락으로 먹어." "컵에 물 따라. 컵으로 마셔."
밥/국을 다른 그릇에 덜어 먹을 때	"너무 많지? 작은 그릇에 담자. 접시에 덜어 먹자. 엄마가 덜어서 줄게/담아서 줄게."

밥이 뜨거울 때	"뜨거워? 엄마가 식혀줄게. 이제 다 식었어." "호~ 불어야지! 조금만 기다려." "뜨거우니까 조심해. 델 수 있어."
밥을 먹으며 (맛을 표현할 때)	"(음식 이름) 정말 맛있다." "나는 맛이 없어." "(음식 이름) 매워/달콤해/고소해/상큼해/싱거워/짜."
아이가 음식을 흘렸을 때/ 음식을 쏟았을 때	"바닥에 음식이 떨어졌네. 어떻게 하지? 걸레로 닦자." "국물이 쏟아졌네. 기다려, 엄마가 닦아줄게. 뜨거우니까 조심해."
아이에게 밥을 주기 전에	"뭐 먹고 싶어? 무슨 냄새가 나지? 어떤 음식일까?" "조금 먹을 거야, 많이 먹을 거야?"
아이가 밥을 다 먹은 후	"더 줄까? 배불러? 그만 먹을래?" "남기지 말고 다 먹자."

- 밥을 먹는 것과 관련된 단어: 아이가 좋아하는 음식 이름, 아이가 자주 먹는 음식 이름, 식기(그릇, 컵, 접시, 포크, 숟가락)
- 관련 동작어: (밥) 먹어, (물) 마셔, (그릇에) 덜어/담아, (걸레로) 닦아
- 상태/감정을 표현하는 말: 맛있어/맛없어, 조금/많이, 매워/달콤해/고소해/상큼해/싱거워/짜, (음식을) 남기다
- 의성어/의태어: 냠냠, 후루룩

아이가 등원을 한 날은 기관에서 점심식사를 합니다. 엄마가 "오늘 어린이집에서 뭐 먹었어?" 물었을 때, 아이가 한 번에 대답하기 어려워하는 경우도 있지요. 키즈노트나 식단표를 활용해서, 아이가 어린이집에서 먹은 것을 함께 이야기하는 시간을 가져보세요.

아이에게 질문하기 전에, 엄마가 점심에 무엇을 먹었는지 짧게 전달한다면, 아이가 대답하는 데 드는 부담감을 덜어줄 수 있답니다(예: “엄마는 점심에 카레 먹었어. 호박이랑 양파랑 당근이 들어 있었어. 정말 맛있었어!”).

요리할 때: 아이의 밥을 만들 때

아이에게 만들고 있는 음식을 보여주세요. 음식 재료의 질감을 손으로 느껴보고 눈으로 선명한 색을 보며 냄새를 맡게 하세요. 아이의 감각(시각, 촉각, 후각)을 자극할 수 있어요. 사진이나 그림이 담긴 카드로 음식 이름을 익히는 것도 좋지만, 더욱 생생하게 음식 재료와 이름을 접할 수 있지요.

아이마다 식사 패턴과 선호하는 음식의 종류가 다를 수 있습니다. 아이가 다양한 채소, 과일, 곡물과 친숙해질 수 있도록 재료의 이름을 일상에서 자주 들려주세요. 엄마가 음식 재료를 직접 다루고 만드는 모습을 보면서 더욱 즐겁고 맛있는 식사시간이 될 수 있을 거예요.

요리하는 상황에서 아이에게 엄마의 말을 매번 들려주기 어려운 경우도 있어요. 과일 또는 채소 모형과 주방 놀이 장난감도 함께 활용해 보세요. 음식 범주의 어휘를 즐겁게 배우며, 역할놀이로 이어갈 수 있어요.

말의 분위기와 몸짓	건네는 말
칼로 재료를 자를 때	□ 다양한 재료의 이름을 넣어주세요. "칼로 (재료 이름) 잘라. 위험하니까 조심해서 자르자." "도마 위에 오이/당근/양파 올리자."
음식 재료 느끼기	"오이는 초록색이야(시각). 거칠어/딱딱해(촉각). 아삭아삭 씹을 때 소리가 나(청각-엄마의 말자극 들려주기)."
가스렌지/인덕션을 다룰 때	"가스렌지 불 켜/꺼." "뜨거우니까 조심해."
냄비가 끓을 때	"냄비에서 연기나." "냄비 안에 물 끓어. 지글보글 끓어."
냄비/후라이팬에 재료를 넣을 때	"냄비에 양파/파/감자 넣어." "후라이팬에 기름 두르자/얹자. 계란도 넣어/올려." "고기/생선 구워. 지글지글 굽자."
아이가 뜨거운 냄비에 다가가려고 할 때	"조심해! 냄비 뜨거워! 위험해!" "조금만 기다려."
식사 전/후 인사하는 말	"잘 먹겠습니다/ 맛있게 먹겠습니다." "잘 먹었습니다/ 맛있게 먹었습니다."

- 음식/재료 이름: 밥, 콩, 고기(소고기/닭고기/돼지고기), 채소/채소(가지/시금치/버섯/감자/고구마/콩나물/호박/당근), 해산물(미역/생선/새우/참치/멸치), 과일(사과/딸기), 계란, 두부, 김, 물, 우유, 기름
- 도구 이름: 냄비, 도마, 칼, 국자, 후라이팬
- 관련 동작어: (칼로) 잘라, (냄비에) 넣어, (가스렌지 불) 켜/꺼, (도마 위에) 올려, (고기) 구워
- 상태/감정을 표현하는 말: 뜨거워, 물렁해, 딱딱해, 위험해, (물이) 끓어
- 의성어/의태어: 싹둑(잘라), 지글지글/보글보글, 말랑말랑

간식 먹을 때

간식을 먹는 시간은 아이가 일상 중에 선호하는 시간입니다. 아이에게 어떤 간식이 먹고 싶은지 물어보세요. "얼마나 줄까? 조금 줄까? 많이 줄까?"와 같은 질문에 대답하는 과정을 통해 양에 대한 개념도 자연스럽게 익힐 수 있어요. 아이와 미리 간식을 먹는 양을 정하면, 더 수월하게 정해진 양의 간식을 줄 수 있습니다.

간식을 먹을 때도 아이와 대화를 이어갈 수 있어요. 아이의 오늘 하루 기분, 어린이집에서 있었던 일, 간식 먹은 후 하고 싶은 놀이에 대해 가볍게 이야기를 나눠보세요. 엄마가 정성껏 준비한 간식을 먹으며 에너지를 즐겁게 충전할 수 있답니다.

말의 분위기와 몸짓	건네는 말
간식을 가리키며 이름을 들려주며	"우유/바나나/사과/배/빵/고기/계란/ 감자/고구마/당근/치즈/과자 먹어." "물/우유/주스 마셔."
간식을 접시/ 그릇/컵에 덜어줄 때	"오늘은 빵 한 개만 먹을 거야." "컵에 우유/주스/물 따라." "접시/그릇에 담자."
아이가 양과 종류를 선택하도록 유도할 때	"많이 줄까? 조금 줄까?"
더 먹을지에 대한 의견을 물어볼 때	"더 먹고 싶어? 그만 먹고 싶어? 배가 부르구나."

간식의 맛을 표현할 때	"맛이 달콤해/고소해."
간식을 함께 먹으며	"엄마/아빠/언니/오빠/형/누나한테 나눠줄까?" "간식 많이 먹으면 배가 아파. 배탈 나." "사탕/초콜릿 먹으면 이가 아파/썩어."

- 간식과 관련된 단어: 과일(딸기, 귤, 배, 사과, 감, 바나나, 포도, 복숭아, 키위 등), 주스, 과자(뻥튀기), 치즈, 빵, 사탕류
- 관련 동작어: 먹어, (그릇/컵/접시에) 담아/따라
- 상태/감정을 표현하는 말: 양을 표현하는 말(조금/많이/가득), 고소해, 달콤해
- 의성어/의태어: 냠냠, 꿀꺽꿀꺽

가족 모임

가족 모임은 여러 친척, 조부모님, 아이 또래의 조카 등 평소에 자주 보지 못했던 사람들과 만나는 자리입니다. 아이에게는 반가움보다 낯선 감정이 앞설 수 있지요. 가족 모임에 가는 길 또는 친척들이 우리 집에 방문하기 전에 누구와 만날지 가능하다면 사진을 미리 보여주며 설명해 주세요. 아이도 준비하는 시간을 가질 수 있어요.

가족과 함께 만난 자리에서는 다양한 단어를 들려주는 것보다 인사를 나누며 상호작용하는 시간을 갖는 것이 중요해요. 조부모님을 오랜만에 뵙는 자리라면, "엄마가 곁에 있으니까 괜찮아. 우리 할머니께 인사드리자" 말하며 엄마가 먼저 "할머니, 안녕하

세요." 인사하는 모습을 보여주세요.

처음부터 사교적인 모습을 보이는 아이, 수줍어서 엄마의 뒤에 숨는 아이, 낯선 친척들을 보면 울음을 보이는 아이 등 다양한 모습을 보일 수 있어요. 아이가 분위기와 공간에 익숙해질 수 있는 충분한 시간과 여유를 준다면, 시간이 지날수록 적응해갈 수 있을 거예요.

말의 분위기와 몸짓	건네는 말
친척이 집에 왔을 때	(초인종 소리) "띵동~ 집에 오셨나 봐. 이제 인사드리자." "엄마랑 같이 인사하자. 안녕하세요."
인사할 때	"할머니/할아버지/이모/고모/삼촌 안녕하세요."
식사를 하며	"그릇/접시에 덜어 먹자." "조금 먹을까? 많이 먹을까?" "뭐 먹고 싶어? 접시에 덜어줄게."
인사하는 말	"안녕하세요/안녕히 계세요." "안녕히 가세요." "다음에 또 만나요."

- 가족/친척과 관련된 단어: 할머니/할아버지, 이모/고모/삼촌, 그 외 조카 이름
- 밥을 먹는 장소: 식당
- 인사말: 안녕, 안녕하세요, 안녕히 가세요.

계절/명절/날씨에 대해 말해요

계절과 날씨를 표현하는 말에는 마치 보물상자와 같이 많은 단어가 모여 있어요. 영유아기뿐 아니라 학령기가 되어서도 꾸준히 듣고 배우게 되지요. 아이와 함께 산책할 때, 차로 이동하며 풍경을 볼 때, 매일매일의 일상에서도 계절을 느낄 수 있습니다.

아이와 함께 바깥 풍경을 보며 자연의 이름을 하나씩 들려주세요. 듣는 경험이 쌓일수록, 자주 들었던 단어를 아이 스스로 표현하며 엄마의 관심을 끌고자 할 거예요. 집 안에서 창밖을 보며 나누는 것은 물론, 야외에서 생생하게 단어에 노출되는 시간이 될 수 있답니다.

단어가 떠오르지 않을 때는 관련 동요를 불러주세요. 동요에는 예쁜 우리 말이 담겨 있어서 아이의 말 자원에 영양분을 더해줍니다. 무엇보다 함께 따라 부르면서 다양한 자음을 스스로 발음해 보는 시간이 될 수 있어요. 어른에게는 부르기 낯설게 느껴지거나 노래를 잘 부르지 못한다는 생각이 들 때도 있지만, 아이는 엄마가 불러주는 노래에 흥을 느끼며 몰입할 거예요. 엄마도 함께 몰입하며 운율을 살릴 수 있습니다.

자연을 표현하는 노래, 아이와 함께 불러요

주제	노래 제목	가사 일부
봄	나비야	나비야 나비야 이리 날아 오너라 노랑나비 흰나비 춤을 추며 오너라
	모두다 꽃이야	산에 피어도 꽃이고 들에 피어도 꽃이고 길가에 피어도 꽃이고 모두 다 꽃이야
	봄나들이	나리나리 개나리 입에 따다 물고요 병아리 떼 종종종 봄나들이 갑니다
여름	수박 파티	커다란 수박 하나 잘 익었나 통통통 단숨에 쪼개니 속이 보이네
	여름 냇가	시냇물은 졸졸졸졸 고기들은 왔다갔다
	즐거운 여름	여름 여름 여름 즐거운 여름 시원한 냇가에서 고기잡이 합시다 랄라라라
가을	코스모스	빨개졌대요 빨개졌대요 길가의 코스모스 얼굴
	도토리	데굴데굴 데굴데굴 도토리가 어디서 왔나 단풍잎 곱게 물든 산골짝에서 왔지
	옥수수 하모니카	우리 아기 불고 노는 하모니카는 옥수수를 가지고서 만들었어요

겨울	겨울바람	손이 시려워 꽁! 발이 시려워 꽁! 겨울바람 때문에 꽁꽁꽁!
	꼬마 눈사람	한겨울에 밀짚모자 꼬마 눈사람 눈썹이 우습구나 코도 삐뚤고
	눈을 굴려서	눈을 굴려서 눈을 굴려서 눈사람을 만들자!

□ 노래를 부를 때, 엄마의 입 모양도 자연스럽게 보여주세요. 함께 노래를 부르며 발음도 더욱 정확해질 수 있어요.

산책하며 말해요

함께 산책하는 시간에는 아이의 걷는 속도에 맞추어 걸어보세요. 주변 환경, 자연의 모습, 특히, 변화하는 과정을 유심히 살펴볼 수 있습니다. 풀이 자라고, 꽃이 피고, 비가 오고, 다시 꽃이 피는 모습이 보이지요.

아이의 컨디션에 따라 유아차를 태우고 산책하는 경우도 있어요. 아이는 주변을 계속 살펴보며 손가락으로 엄마의 관심을 이끌어요. 아이가 엄마를 부르며 손가락으로 가리키는 것의 이름을 말해주세요. 보이는 모습 그대로 색깔, 모양, 냄새를 표현해 보세요.

아이는 오감으로 익힌 단어를 더욱 오랫동안 기억합니다. 산책하는 동안 엄마가 들려주는 말자극은 아이의 시각, 청각, 촉각, 그리고 후각과 맞물려 아이의 머릿속에 더욱 생생하고 오랜 시간 동안 자리할 거예요. 자연을 보며 표현하는 아이의 예쁜 말을 기록하는 시간도 가져보세요.

말의 분위기와 몸짓	건네는 말
산책 나갈 준비를 하며	• 일교차가 클 때 "겉옷(외투) 가지고 나가자." • 날이 더울 때 "얼굴에 선크림 발라." "햇볕이 강하니까/날씨가 추우니까 모자도 써." • 가방을 챙기며 "가방에 물 넣자. 목이 마르면 물 마셔." "손수건/물티슈도 넣자. 더러워지면 손 닦자."
아이가 자연/풍경/생물을 손으로 가리켰을 때	□ 이름/색깔/동작어/상태를 나타내는 말을 함께 들려주세요. • 아이가 꽃을 가리켰을 때: "꽃이네~ 노란 꽃이다! 활짝 피었네." • 아이가 개미를 가리켰을 때: "개미야, 개미 어디 가지? 작은 개미다."
아이가 넘어졌을 때	"아이쿠! 아야! 넘어졌어~!" (아이를 안아주며) "괜찮아, 엄마가 안아줄게. 깜짝 놀랐지?" "어디 아파? 어디 다쳤어?" "엄마가 호~ 해줄게." "집에 가서 약 바르자. 밴드도 붙이자."

날씨와 아이의 컨디션	• 날씨가 더울 때 "많이 덥지? 더우니까 옷 벗자. 시원한 물 줄까?" • 날씨가 추울 때 "많이 춥지? 손 시려? 장갑 끼자." • 아이가 걷기 힘들어할 때 "걷기 힘들어? 유아차에 탈까?" "이제 집에 가자. 집에 가서 간식 먹자."
유아차에 타며	• 아이를 태우며 "유아차에 타자. (아이를 앉히며) 여기 앉아. 벨트도 매자." • 아이가 내려달라고 할 때 "내리고 싶어? 잠시만. 여기는 위험해. 저~기로 가서 내리자."
밖에서 아이와 놀이할 때	• 비눗방울을 불 때 "엄마가 후~ 불어줄게. 후~ 불어." "둥둥, 떠다니네." "우와, 크~다. 이번에는 작네." "비눗방울 터뜨리자! 터졌어!"
아이의 기분을 물어보며	"기분이 어때? 엄마는 기분이 좋아." "꽃이 예쁘지? 구름 모양도 신기해." "어디로 갈까? 어디에 가고 싶어?" "힘들어? 힘들면 쉬었다 가자."

• 주변 자연/풍경/생물: 꽃, 나비, 새, 날파리, 나무, 구름, 동물, 개미, 지렁이
• 준비물: 모자, 겉옷, 물(병), 가방, 장갑, 선크림, 비눗방울, 물티슈/손수건
• 관련 동작어: 걸어/뛰어, 발라, (가방에) 넣어, (물) 마셔, (유아차) 타/내려, (밴드) 붙여
• 상태/감정을 표현하는 말: 따뜻해/시원해/더워/추워, (기분이) 좋아/힘들어/목말라/아파, (새가) 날아, (개미가) 기어가
• 의성어/의태어: (바람이) 살랑살랑, (햇볕이) 쨍쨍해, (꽃이) 활짝, (강아지) 멍멍, (고양이) 야옹

봄

봄은 아이와 본격적으로 외출하는 계절입니다. 꽁꽁 얼어 있던 몸과 마음이 사르르 녹아내리는 시기지요. 계절의 변화와 함께 아이는 새로운 기관으로 진급하게 됩니다. 엄마도 아이도 보이지 않는 긴장감을 느끼는 시기예요.

등하원길, 주말, 그 외의 시간에도 함께 봄을 느껴보세요. 날씨가 좋지 않은 날에는(예: 미세먼지) 사진이나 그림책을 활용해 보세요. 새로운 단어를 배우는 것보다 서로의 긴장감이 풀리고 교감하는 시간이 될 수 있도록 이끌어 주세요.

봄은 아이가 꼬마 시인이 되기에 적기인 계절이기도 합니다. 물론, 사계절 모두 아름다움을 가지고 있지만 봄에는 추운 겨울에는 마주하기 어려웠던 바깥 공기를 느낄 수 있지요. 아이와 함께 봄에만 느낄 수 있는 따스한 봄 냄새와 자연이 주는 선물을 만끽해 보세요. 어느새 아이의 말도 새싹처럼 쑥쑥 자라고 있을 거예요.

특별한 교구가 없더라도 전지에 엄마와 함께 그리고 오려붙인 색종이로도 훌륭한 계절 말자극을 진행할 수 있어요.

말의 분위기와 몸짓	건네는 말
주변의 꽃/ 풀을 보며 (색깔/모양+ 이름)	"노란 개나리다! 나비 같아." "분홍 진달래다! 활짝 피었네." • 그림책《벚꽃 팝콘, 목련 만두》를 읽고 "하얀 벚꽃이야. 팝콘 같아." "목련이 만두 같아."
문을 나서며 (날씨 관련 표현)	"날씨가 따뜻해졌어. 해가 나왔네." "밖에 봄비가 내려. 우산 가지고 나가자/우비 입고 나가자." "따뜻한 바람이 불어." "겉옷도 가지고 나가자."
미세먼지가 많은 날	"밖에 먼지가 많아." "마스크 쓰고 나가자."
집에서 아이와 함께 하는 간단한 봄 놀이	**오물조물 봄놀이** ☐ 다양한 색의 클레이를 준비해요. 아이의 피부가 민감하다면 밀가루 반죽을 준비해요. • 클레이(밀가루 반죽)를 활용하여 지렁이, 뱀, 꽃을 만들어요. • 지렁이는 길고 짧게, 꽃은 동그랗게 반죽을 굴린 후 살짝 누르며 꽃잎을 만들 수 있어요. • 클레이로 만든 경우, 색이름을 들려주세요. 밀가루 반죽의 경우, 굳으면 함께 색칠할 수 있어요. ☐ 아이의 놀이는 작품보다 직접 재료를 만지고 다양한 감각을 느껴보는 경험이 중요해요. ☐ 클레이를 활용하여 쭉~ 길게 늘이고, 눌러보고, 반죽을 떼어볼 수 있도록 유도해 주세요. ☐ 들려주는 말 • 지렁이나 뱀을 만들며: "뱀은 길어/짧아/날씬해/뚱뚱해." • 다양한 색을 사용하며: "빨간/노란/파란/초록/하얀 색이야." • 재미있는 표현을 사용하며: "오물조물/콕콕 눌러/동글동글 주물러." • 동작어를 사용하여: "반죽을 떼/말아. 밀대로 밀어. 꽃잎을 붙여."

집에서 아이와 함께 하는 간단한 봄 놀이	**봄 들판을 꾸며요** ☐ 쓰지 않는 벽걸이 달력(크기가 클수록 좋아요) 또는 전지, 크레파스나 색종이를 준비해요. • 구름, 꽃, 나비, 지렁이와 같이 봄에 볼 수 있는 것들을 자유롭게 그리고 색칠해요. • 엄마가 그려준 후, 아이와 함께 자유롭게 색칠하거나 색종이를 찢어서 붙여보세요. ☐ 멋진 작품이 나오지 않더라도 괜찮아요. 아이가 자유롭게 그리고, 색칠하고, 붙이는 경험을 만들어 주세요. ☐ 들려주는 말: 들판 그리자, 꽃이 피었네, 나비가 날아다녀, 지렁이가 기어가, (꽃/나비/지렁이) 그려/붙여/색칠해

• 봄과 관련된 단어: 벚꽃, 개나리, 민들레, 진달래, 목련, 미세먼지, 봄비, 지렁이/개미/나비
• 관련 동작어: (새싹이) 자라, (꽃이) 펴, (지렁이가) 기어가, (바람이) 불어
• 상태/감정을 표현하는 말: (날씨가) 따뜻해, (마스크가) 답답해, (꽃이) 펴/예뻐
• 의성어/의태어: (꽃이 피는 모습) 활짝, (싹이 자라는 모습) 쑥쑥, (봄바람이) 살랑살랑

여름

여름은 바다와 맛있는 여름 과일이 떠오르는 계절입니다. 무더운 날씨로 인해 자연을 누리는 데 제한이 있지만, 시원하고 상큼한 제철 과일도 맛보고, 바다, 숲, 여름 곤충들을 통해 다양한 소리를 체험하는 계절입니다.

아이에게 많은 단어를 한꺼번에 들려주기보다 상황에 적절한 말을 간단하고 짧게 들려주세요. 높은 기온으로 인해 아이가 지

치거나, 찜찜함을 느끼는 상황이라면 아이의 컨디션을 먼저 보살펴 보세요. 앞서 살펴보았던 여름 동요를 함께 부르는 시간을 통해 다양한 표현을 자연스럽게 접할 수도 있습니다.

여름이 되면 아이에게 다양한 경험을 시켜주고 싶은 마음에 바다에 가고 싶은 마음이 앞섭니다. 아이의 컨디션이 따라주지 않거나 그 외 어려움이 있다면, 욕조나 튜브를 활용한 미니 수영장, 작은 개울가를 아이와 엄마만의 수영장으로 만들어 주세요. 욕조 물에 발을 담그며 감각을 느껴보는 경험을 할 수 있어요.

표에 제시된 표현이 아이에게 다소 낯설게 느껴질 수 있습니다. 아이의 옷이 젖은 상황에서 '축축해', 아이가 더위를 느끼는 상황에서 '더워, 해가 쨍쨍해, 땀이 나'와 같은 표현을 들려주세요. 상황에 따른 엄마의 말은 아이가 그 상황을 마주했을 때 스스로 표현할 수 있는 자원이 될 거예요.

말의 분위기와 몸짓	건네는 말
날씨가 더울 때	"날씨가 정말 덥다. 해가 쨍쨍해." "땀이 줄줄 흘러. 끈적끈적해." "옷이 젖었네(축축해). 새 옷으로 갈아입자." "더우니까 선풍기/에어컨 틀자. 바람이 시원해." "햇볕이 뜨거워. 모자 쓰자."
비가 많이 내릴 때 (장마 기간)	"비가 주룩주룩 내려." "옷이 다 젖었어. 축축해졌어. 옷에 물이 튀어서 젖었어." "비가 많이 와서 물이 넘쳤어."

바다/물가에서	"파란 바다야. 넓~다." "수영복으로 갈아입어." "첨벙~ 들어가." "엄마랑 발 담그자. 아이, 시원해!" • 엄마가 수영장을 만든 경우 "첨벙첨벙 물놀이 하자. 물에 들어가."
모기에 물렸을 때	"모기에 물려서 간지러워. (팔이/다리가/얼굴이) 빨갛게 부었네." "긁으면 안 돼. 모기약 바르자."
여름 곤충	"매미가 맴맴맴 울어/노래해." "귀뚤귀뚤~귀뚜라미가 울어."
여름 음식을 먹으며	"시원한 수박/참외/복숭아 먹자." "아이스크림 많이 먹으면 배 아파."
집에서 아이와 함께하는 간단한 여름 놀이	**첨벙첨벙, 우리 집 물놀이** □ 욕조에 물을 받거나 (욕조가 없다면) 튜브 수영장을 만들어 주세요. • 모래 놀이 도구(바구니, 그물, 삽, 작은 공 등) 또는 바다 생물/오리 모형을 욕조에 넣어요. • 물에 뜬 바다 생물/오리 모형의 이름을 말해요. • 아이의 머리/팔/다리/배에 물을 묻혀요. 거품을 낼 수 있다면, 거품을 내며 각 신체 부위에 거품을 묻혀요. □ 들려주는 말: (물속에) 넣어, (물속에) 들어가, (오리가/물고기가/고래가) 둥둥, (거품이) 뽀글뽀글/미끌미끌, 거품 (머리에/팔에/다리에/배에) 발라/문질러 **우리 집 작은 낚시터** □ 파란 비닐(김장할 때 사용하는 비닐 또는 큰 비닐), 자석 낚싯대, 자석이 붙은 바다 생물 모형을 준비해요. 교구가 없다면 바다 생물 그림을 그린 후, 뒤에 클립을 붙여주세요.

	• 비닐을 깔고 난 후, 바다 생물을 놓아주세요. 비닐이 없다면 아이가 낚싯대를 활용하여 잡을 수 있는 높이의 통을 준비해 주세요. • 엄마가 먼저 낚싯대를 활용하여 물고기를 잡는 모습을 보여주세요. 아이 스스로 하는 데 어려움을 보인다면, 아이의 손을 잡고 함께 도와주세요. • 잡은 물고기를 따로 준비한 바구니(통)에 담아요. ☐ 들려주는 말: (물고기) 잡아, (통에) 담아, 큰/작은/납작한/통통한 물고기

• 여름과 관련된 단어: 바다(조개, 소라, 미역, 모래사장), 개울가, 냇가, 비, 햇볕, 과일(수박,
• 참외, 복숭아), 모기/모기약, 선풍기/에어컨, 아이스크림, 옷(반바지, 수영복, 모자)
• 관련 동작어: (바다에) 가, (옷이) 젖어, (발) 넣어, (옷을) 갈아입어, (모기에 물린 팔을) 긁어, (모자) 써
• 상태/감정을 표현하는 말: 더워/시원해, 끈적끈적해, (피부가) 간지러워, (옷이) 젖다/축축하다
• 의성어/의태어: (해가) 쨍쨍, (땀이) 줄줄, (피부가) 끈적끈적, (물이) 첨벙첨벙, (파도가) 철썩철썩, (매미가) 맴맴, (귀뚜라미가) 귀뚤귀뚤

가을

가을은 자연이 입은 옷의 색깔이 바뀌고 열매를 맺는 계절입니다. 무더운 여름을 지나, 다양한 색깔 옷을 입은 나무와 열매를 볼 수 있지요. 맑은 가을 하늘에 떠 있는 구름 하나도 아이에게는 재미있는 말놀이의 재료입니다.

아이와 낙엽을 함께 밟아보세요. 엄마의 말을 들려주고, 낙엽을 밟을 때 느껴지는 다양한 감각을 느낄 수 있도록 유도해 주세요.

낙엽의 색, 크기, 색색의 가을 열매 이름 모두 말의 자원이에요. 나뭇잎 색깔의 변화를 함께 관찰하는 재미도 느낄 수 있습니다.

가을 주제의 그림책을 함께 읽으며 바깥 풍경과 연결하는 시간을 갖는다면, 더욱 오랫동안 아이에게 기억될 수 있어요. 아이와 가족의 모습이 담긴 사진도 대화의 연결고리가 됩니다. 가을 풍경을 배경으로 한 사진을 냉장고나 벽에 붙여보세요. 아이의 짧은 말, 새로운 말, 문장도 함께 기록해 보세요. 우리 아이만의 예쁜 가을 말 기록지가 채워질 거예요.

말의 분위기와 몸짓	건네는 말
아이와 산책할 때	"나뭇잎 밟자. 바스락, 바스락." "나무에서 (나뭇잎이) 떨어져." "노란 은행잎, 빨간 단풍잎이야. 초록 나뭇잎도 있네. 뾰족한 가시도 있어. 솔방울도 찾아볼까?" "시원한 바람이 불어."
가을 열매를 보며 가을 놀이	"주황색 감이네. 나무 위에 있어." "감이 딱딱해. 여기 눌러 봐!" "작은 도토리야. 다람쥐가 먹어."
집에서 아이와 함께하는 간단한 가을 놀이	**나뭇잎으로 얼굴 만들기** 나뭇잎을 봉투 또는 바구니에 담아요. 아이가 직접 담으며 소근육도 발달시킬 수 있어요. 엄마가 종이에 큰 원을 그려줍니다. 아이의 얼굴을 바라보며 '눈, 코, 입'을 말해줘요. '눈은 어디 있나, 여기' 노래를 함께 부릅니다. 엄마가 그린 큰 원 안에 낙엽을 활용하여 '눈, 코, 입'을 붙여요. □ 위의 활동을 얼굴 만들기뿐 아니라 옷 꾸미기, 나무 꾸미기, 들판 꾸미기 활동으로도 응용할 수 있습니다.

	□ 나뭇잎이 젖은 상태에서는 테이프나 접착제로 붙이기 어려워요. 건조된 상태에서 붙여주세요. □ 들려주는 말: (얼굴에/나무에/옷에)+붙여, OO(아이 이름)(이)가 붙여, (빨간색)이랑 (노란색) 붙여

- 가을과 관련된 단어: 나뭇잎(단풍잎, 은행잎, 솔방울), 열매(감, 도토리, 밤, 사과), 다람쥐(청솔모), 가시
- 관련 동작어: (낙엽을) 밟아, (도토리) 먹어
- 상태/감정을 표현하는 말: (낙엽) 노란색/붉은색/빨간색, (열매/과일이) 익다/딱딱하다, (가시가) 뾰족하다
- 의성어/의태어: (낙엽을 밟을 때) 바스락바스락, (단풍잎이) 울긋불긋

□ '나뭇잎', '은행잎', '단풍잎' 발음이 아이에게는 서툴고 어려울 수 있어요. 낙엽을 직접 만져보고, 소리를 들어보는 경험이 중요합니다. 아이에게 낙엽의 이름과 의성어·의태어를 자주 들려주세요.

겨울

겨울에 마주하는 하얀 눈은 아이에게도 어른에게도 설렘을 선물합니다. 무더운 여름, 차가운 물 속으로 발을 처음 내딛는 때와 같이, 쌓인 눈을 처음 밟을 때의 신기함도 함께 느낄 수 있지요. 크리스마스와 연말 분위기로 설레기도 합니다.

아이에게 사계절의 변화는 매 순간 새롭고 신기하게 느껴집니다. 객관적으로 많은 단어를 알고 표현하는 능력도 중요하지만, 아이가 다양한 감각을 느끼며 살아있는 단어를 배울 수 있도록 이끌어 주세요. 눈과 얼음을 살짝 만져보며 '차갑다'라는 단어를 느끼고, 얼음이 녹는 모습을 보며 '녹다'의 의미를 이해하는 경험

이 중요합니다.

무엇보다 한 해를 되돌아보며 가족 간에 격려가 오가는 시간을 갖는 계절이 되기를 바랍니다. 아이를 양육하며 애쓴 엄마 아빠에게도, 한 해 한 해 성장한 아이에게도, 수고했다고 격려하고 응원하는 말을 전해주세요. 오가는 다정한 말과 서로의 온기로 인해 더욱 따스한 겨울이 될 수 있을 거예요.

말의 분위기와 몸짓	건네는 말
날씨가 추울 때	"밖에 바람이 쌩쌩 불어." "추우니까 보일러/난로 틀자." "추우니까 모자 쓰고 목도리 하자. 따뜻하게 입고 나가자." "얼음이 꽁꽁 얼었어. 미끄러우니까 조심해. "
눈이 내릴 때	"펄펄 눈이 내려. 하얀 눈이 쌓였어. 지붕 위에/땅에/자동차 위에 쌓였어." "눈이 쌓였어. 눈사람 만들까? 눈 오리도 같이 만들자." "장갑 끼고 만들어. 손이 시려."
눈사람 만들 때	(〈꼬마 눈사람〉, 〈눈을 굴려서〉 동요를 부르며) "데굴데굴 눈 굴리자." "눈/코/입/팔/다리 만들어." "눈사람 모자 씌워/ 써." "눈사람이 녹았어. 날씨가 따뜻해서/해가 나와서 녹았어/작아졌어."
썰매를 탈 때	"장갑 끼고 모자도 쓰고 나가자. 장화/부츠도 신어." (썰내 타는 장소에서) "위로 올라가. 엄마 손 잡고 가자." "엄마가/선생님이 밀어줄게. 밀면 '쌩~' 아래로 내려가."

겨울 음식을 먹을 때	(군고구마/붕어빵/호떡을 먹으며) "호~ 뜨거우니까 식히자. 호~ 불어." "뜨거우니까 조심해. 엄마가 잘라줄게."
집에서 아이와 함께하는 간단한 겨울 놀이	**집에서 만드는 눈사람** □ 하얀 점토와 모양 찍기 도구를 준비해요. 아이 피부에 민감하지 않은 점토를 선택해 주세요. (예: 천사 점토) • 엄마가 반죽을 동그랗게 굴리며 눈사람을 만들어 주세요. • 작은 동그라미를 여러 개 만들며 눈송이를 만들어 주세요. • 다양한 사물(예: 단추)를 활용하여 눈사람의 눈, 코, 입을 붙여주세요. • 다양한 모양을 찍어서 배경을 꾸며보세요. □ 들려주는 말: (점토를 굴리며) 동글동글 굴려, 큰 동그라미/작은 동그라미, 큰 동그라미 위에 작은 동그라미 올려, (별/동그라미/세모/네모) 찍어, 붙여

• 겨울과 관련된 단어: 눈/눈사람/눈 오리, 옷(외투, 모자, 목도리, 장갑, 장화/부츠, 귀마개), 겨울 음식(고구마, 호떡, 붕어빵, 호빵, 계란빵), 썰매, 난로/보일러, 썰매

• 관련 동작어: (옷을) 입어, (장갑을) 껴, (모자를) 써, (고구마/감자를) 먹어, (썰매) 타

• 상태/감정을 표현하는 말: (눈이) 쌓여, 추워/따뜻해, (얼음이) 미끄러워, (난로가) 뜨거워

• 의성어/의태어: (눈이 내릴 때) 펄펄, (눈이 쌓일 때) 소복소복, (눈을 밟을 때) 뽀드득, (김이) 모락모락, 뜨끈뜨끈, (얼음이) 미끌미끌, (바람이) 쌩쌩

차로 이동할 때

차로 이동 중에는 아이의 안전이 우선됩니다. 아이마다 선호도가 다르기에, 차 타는 시간을 즐기는 아이도 있고, 엄마가 진땀을

빼는 경우도 있지요. 차를 탄 이후의 상황도 각각 다릅니다. 함께 노래를 부르는 것을 좋아하는 아이, 영상을 보는 것을 좋아하는 아이, 차만 타면 잠드는 아이도 있고요.

아이를 카시트에 앉힌 후, 아이의 컨디션이 안정되었을 때 엄마의 말을 들려주세요. 창문으로 볼 수 있는 것(예: 주변의 차의 종류, 거리의 사람들, 자연의 모습), 차가 움직이는 속도, 아이의 기분에 대해 이야기를 나누어 보세요. 어디에 가고 있는지 들려준다면 더욱 설레는 마음으로 이동할 수 있답니다.

집에 돌아온 후, 아이와 함께 차 안에서 있었던 일을 나누어 보세요. 누가 운전했는지, 창문으로 무엇을 보았는지, 어디에 다녀왔는지, 기분이 어떠했는지 이야기를 니눠주세요. 큰 종이(전지)를 활용하여 도로에서 보았던 장면을 그리거나 함께 도로놀이를 해봅니다.

말의 분위기와 몸짓	건네는 말
자동차 문을 열며/닫으며	"차 문 열자. 손잡이 당겨." "차 문 닫아. 조심해서 닫아."
카시트에 앉히며	"여기(의자에) 앉아." (겨울의 경우) "옷 벗고 앉자."
벨트를 매주면서	"안전벨트 하자/매자." "이제 출발할 거야." "엄마가/아빠가 운전할게."

함께 주변 환경을 보며 (엄마가 운전하지 않고 아이와 함께한다는 전제로)	"트럭/빨간 차/레미콘/소방차/구급차/버스/오토바이가 있어(달려)."
	"빨리 가(쌩쌩 달려)/천천히 가." "차가/오토바이가 멈췄어." "도로에 차가 많네. 길이 막혀. 차들이 천천히 가고 있어."
	"(할아버지/할머니/누나/언니 등) 사람들이 지나가." "(주변 사람)(이)가 가방 메고 있어." "걸어가/뛰어가/버스 타/버스에서 내려."
도착하는 곳 (목적지)에 대해 이야기 나누기	"어디가? 할머니 댁(집)/마트/바다/캠핑 가고 있어." "할머니 만날 거야/마트에서 바나나 살 거야/바다에서 조개 볼 거야." ☐ 엄마의 질문에 아이가 대답하기 어려워하는 모습을 보인다면 엄마가 답을 말해주세요.
함께 도로를 보며 (엄마가 운전하지 않고 아이와 함께한다는 전제로)	"구급차는 어디로 갈까? 병원으로 가. 아픈 사람 태우고 가." "소방차는 어디로 갈까? 불 끄러 가/ 소방서에 가." "레미콘은 어디로 갈까? 공사장에 가." ☐ 각 차의 역할과 장소를 연결해서 말해주세요.

- 차에 타는 것과 관련된 단어: 자동차/구급차/소방차/경찰차/트럭/레미콘/택배차, 오토바이, 안전벨트, 카시트
- 관련 동작어: (차 문) 열어/닫아, (창문) 열어/닫아, (에어컨/히터) 틀어/꺼, 운전해, (카시트에/의자에) 앉아
- 상태/감정을 표현하는 말: (에어컨/히터) 시원해/따뜻해, (움직이는 속도) 빨리/천천히/느리게, (길이) 막혀
- 의성어/의태어: 부릉부릉, 쌩쌩, 뛰뛰빵빵

명절(추석·설날)

아이에게 명절은 가족 이외의 새로운 누군가와 마주하는 시간이에요. 가족마다 분위기가 다르지만, 대체로 반갑고 설레는 분위기를 느낄 수 있습니다. 엄마는 평소보다 더 분주해지고 피로도가 높아지기도 합니다.

명절이 길어질수록 언어 자극 루틴이 틀어질 수 있습니다. 일상으로 복귀하고 적응하기 위해서는 아이에게도 엄마에게도 어느 정도 시간이 필요할 수 있어요. 그만큼 에너지가 들기 때문이지요.

앞서 살펴보았던 '다시 시작하는 마음' 이야기를 기억하시나요? 엄마의 말자극 루틴이 잠시 흐트러졌다면, 다시 시작해 보세요. 명절에 겪은 일들을 함께 떠올리며 이야기 나누는 시간을 갖는다면 루틴을 회복하는 데 도움이 될 수 있답니다.

말의 분위기와 몸짓	건네는 말
할머니 댁에 가는 길에 (다른 장소에 갈 때)	• 기차를 타고 갈 때 "기차 타자. 기차가 길-어. 칙칙폭폭." "기차 타고 할머니 집에 갈 거야." "할머니랑 할아버지랑 이모(고모) 만나자. 삼촌도 올 거야." ☐ 차를 타고 갈 때는 어디에 가는지, 누구를 만날 예정인지, 무엇을 할 예정인지에 대해 아이에게 들려주세요.
맛있는 음식을 먹을 때	"떡국 먹자. 뜨거우니까 호~ 불어서 먹어. 고기도 줄까?" "송편/떡/잡채/고기/나물/전 먹자." "과일도 먹을까? 동그랗고 빨간 사과, 큰 배, 딱딱한/물렁물렁한 감도 있어."

세배할 때	"한복 입고 세배하자." "엄마 따라 해볼까? (세배하는 모습을 보여주며) 이렇게 세배하는 거야."
보름달을 보며	"동그란 달이야. 동글동글 보름달이네." "달이 계속 따라와. 안녕~ 인사하자."
어른·친척과 인사를 나눌 때	□엄마가 먼저 인사하는 모습을 보여주세요. 만났을 때: "안녕하세요." 헤어질 때: "안녕히 계세요.", "안녕히 가세요." 세뱃돈을 받았을 때: "고맙습니다."
집으로 돌아오는 길에	"우리 어디에 갔다 왔지? 할머니 집(댁)에 다녀왔어." "누구 만났지? 할머니랑 할아버지랑 고모 만났어." "어떤 음식 먹었어? 맛이 어땠어? 맛있었어. 고기가 제일 맛있었어?"

• 명절과 관련된 단어: 한복, 할머니/할아버지/이모/고모/삼촌/큰아빠/작은 아빠, 세배(절), 떡국, 송편/만두, 잡채, 고기, 나물, 과일(사과/배/감), 세배

• 관련 동작어: (한복) 입다, (차/기차에) 타다, (세배) 절하다

• 상태/감정을 표현하는 말: (음식이) 맛있어, (친척들이) 반가워, (달이) 동그랗다

• 의성어/의태어: (음식을 먹을 때) 냠냠, (기차 탈 때) 칙칙폭폭, (차 탈 때) 부릉부릉/빵빵

생일

생일은 아이에게 1년 중 가장 행복한 날입니다. 케이크를 보기만 해도 설레는 기분을 느끼지요. 아이의 생일뿐 아니라 가족 구성원의 생일과 친구의 생일도 아이에게는 즐거운 순간입니다. 아이의 설레고 들뜬 마음에 함께 공감해 주세요.

매년 생일을 맞이한 아이의 모습을 사진으로 남긴 후 인화해서 붙여 놓으면, 아이가 성장한 모습도 함께 기록할 수 있답니다. "이 사진은 ○○(아이 이름)(이)가 ○살 때 모습이야." 이렇게 추억을 함께 떠올릴 수도 있고요.

생일파티 때 말자극을 주기 어려움이 있다면, 생일 전후로 놀이를 통하여 생일파티를 재현할 수 있습니다. 케이크 모형으로 놀이하며 엄마의 말을 들려주세요. 아이가 좋아하는 인형을 활용하여 생일파티 놀이를 할 때도 관련 표현을 들려줄 수 있어요(예: 케이크에 초 꽂아, 불어, 잘라, 생일 축하해).

말의 분위기와 몸짓	건네는 말
아이의 생일파티	"생크림/초코/딸기/과일 케이크야." "케이크에 초 꽂아. 몇 개 꽂을까?" "생일축하 노래 부르자. (함께 노래 부르며) 생일 축하합니다~" "'후~' 촛불 불어. 박수~ 짝짝짝" "이제 케이크 자르자. 칼로 잘라." "접시에 담아. 엄마가 담아줄게." "맛있게 먹어. 포크로 먹자."
생일 축하 놀이	□ 위의 '아이의 생일파티' 때 엄마의 말을 케이크 모형을 활용해서 그대로 들려주세요.
가족의 생일파티	"오늘은 '아빠/엄마/언니/형' 생일이야." "○살이니까 초를 ○개 꽂자." "같이 생일 축하 노래 부르자." "'생일 축하해'라고 말해주자."

친구의 생일 날	"초대해줘서 고마워." (선물을 주며) "생일 축하해."
아이에게 들려주는 메시지	"생일 축하해.", "엄마에게 와줘서 고마워."
어린이집 생일파티 사진을 함께 보며	"○○(친구 이름)(이)랑 ○○(친구 이름)(이)랑 같이 생일파티 했구나." "선생님께(친구에게) 생일 선물 받았구나. 기분 좋았겠다." (생일상 모습을 함께 보며) "우와~ 바나나랑 우유랑 케이크 있네. 정말 많다."

- 생일과 관련된 단어: 생일, 생크림/과일/초코/딸기 케이크, 초, 접시, 선물, 풍선
- 관련 동작어: (케이크) 먹어/잘라, (접시에) 덜어/담아, (초) 꽂아, (촛불) 불어
- 상태/감정을 표현하는 말: 즐거워/행복해/기대돼, (케이크가) 맛있어
- 의성어/의태어: (초) 후~ 불어, (박수) 짝짝짝

크리스마스

크리스마스는 아이와 어른 모두가 기대하는 특별한 날입니다. 크리스마스 캐롤과 트리 장식을 볼 때면 설레는 마음이 더욱 커지지요. 어쩌면 크리스마스는 당일보다 기다리며 준비하는 시간이 더 의미 있게 느껴질 수도 있습니다. 아이와 함께 나누는 대화가 풍성해지지요.

아이와 함께 크리스마스 트리를 꾸미는 활동을 하기에 번거로움이 있다면, 주변의 트리를 보며 이야기를 나누어 보세요. 트리

의 색깔과 장식을 하나씩 살펴보며 엄마의 말을 들려줄 수 있어요. 〈울면 안 돼〉, 〈루돌프 사슴코〉, 〈흰 눈 사이로〉와 같은 크리스마스 캐롤을 함께 듣고 따라 부르는 시간을 갖는다면, 더욱 즐거운 상호작용을 이어갈 수 있습니다. 일 년 중에 한 번 있는 크리스마스인 만큼, 가족과 함께 행복한 추억을 만들어 보세요.

아이에게 크리스마스 선물로 장난감을 사준다면?

'크리스마스'를 생각하면 자연스럽게 '선물'이 떠오릅니다. 저 또한 아이가 24개월 무렵부터 어떤 선물을 주어야 할지 고민했던 기억이 떠오릅니다. 가급적 오랫동안 가지고 놀 수 있는 장난감을 고르고 싶은 마음이 컸기 때문이지요.

아이의 선호도를 고려하여 선택하되, 상호작용을 지속할 수 있는 장난감을 선택해 보세요. (크리스마스 선물이 장난감이라는 전제로) 아이가 마음껏 조작해 볼 수 있거나, 역할놀이로 확장된다면 더욱 좋습니다.

아이는 선물로 받은 장난감에 금세 질릴 수 있어요. 엄마와 함께 가지고 놀 수 있는지 여부를 고려하는 것도 선택의 기준이 될 수 있답니다. 만일, 아이가 장난감을 낯설게 느낀다면 탐색할 수 있는 충분한 시간을 마련해 주세요.

말의 분위기와 몸짓	건네는 말
크리스마스 트리/장식을 함께 보며	"트리에 별/공/불이 있네. 불이 반짝반짝 빛나." "트리 위에 별이 있어. 별이 크다." □ 아이가 '트리'보다 '나무'를 더 편하게 말한다면 '나무'라고 말해주세요.
크리스마스 선물을 보며	"산타 할아버지가 주신 선물이야." "트리 밑에 선물이 있어. 같이 뜯어 볼까/풀어 볼까?" "어떤 선물이 들어 있을까?"
크리스마스 트리를 함께 꾸미며	(고리가 있는 경우) "트리에 공/지팡이/눈사람/선물/솔방울 걸자." (트리에 올리는 경우) "별/리본/종 올리자." "큰/작은 공, 네모난 상자 걸어." □ 아이가 다치지 않도록 엄마가 아이의 손을 잡아주세요.
크리스마스 인사를 나누며	"메리 크리스마스!" □ 아이가 /크리스마스/를 정확하게 발음하기에 어려울 수 있어요. 아이와 함께 말해주세요.

- 크리스마스와 관련된 단어: 빨간색/초록색, 산타 할아버지, 루돌프/사슴, 크리스마스 트리 장식(지팡이, 공, 별, 선물, 눈송이), 전구
- 관련 동작어: (장식을 나무에) 걸어, (전구) 켜/꺼, (선물 포장) 뜯어/풀어
- 상태/감정을 표현하는 말: 즐거워/신나/행복해, (전구가) 빛나, (트리가) 커/작아
- 의성어/의태어: (트리가) 반짝반짝, (종소리) 땡땡

놀이하며 말해요

아이에게 놀이는 일상 그 자체입니다. 선생님과 엄마는 머릿속에 뚜렷한 목표를 설정하고 놀이를 진행할 수 있으나, 아이는 그저 재미있으면 빠져듭니다. 몇 년 전, EBS에서 방영된 〈놀이의 힘〉에서는 영유아기 놀이의 중요성을 강조했습니다. 많은 놀이 전문가가 충분히 논 아이일수록 창의력, 사회성, 그리고 학습 능력이 길러질 수 있다고 이야기합니다.

놀이하는 시간은 아이의 언어발달에 있어서 영양 만점의 거름이 되어줍니다. 말을 즐겁게 배우는 것보다 더 좋은 언어발달 프로그램은 없지요. 놀이는 아이가 새로운 단어를 배울 때 가장 좋은 교과서가 되어줍니다. 아이가 이끄는 놀이일수록 언어발달을 촉진하는 힘이 더욱 막강해지지요.

놀이의 중요성이 알려지면서 장난감, 교구, 놀이를 가르치는 기관도 많아지고 있습니다. 반면에 부모교육 현장에서는 가정에서 아이와 놀아주기가 막막하다는 고민을 자주 듣습니다. 새 장난감을 사주어도 금세 지루함을 느끼는 아이의 모습을 보면 속상하다는 이야기도 듣게 되지요.

제가 소개해드리는 놀이는 아이마다 선호도와 반응이 다를 수 있습니다. 책에 안내된 순서를 따르기보다, 아이가 가장 좋아하는 놀이부터 시작해 보세요. 무엇보다 이 시간은 '놀이'인 만큼, 아이가 얼마나 알고 있는지 테스트하는 시간이 되지 않아야 합니다. 다음의 세 가지만 기억해 주세요.

아이와의 놀이 시간에 지켜야 할 세 가지

1. **아이가 주도하도록 해주세요.** 엄마가 사전에 준비한 놀이가 있더라도, 아이가 이끄는 대로 따라주세요. 엄마는 방청객입니다.

2. 아이의 지식을 테스트하기보다, **엄마의 말을 아이에게 들려주세요.** 지금까지 저와 함께 살펴보았던 엄마의 말자극 방법을 그대로 들려주세요.

3. **놀이 그 자체에 집중해 주세요.** 이 시간만큼은 집안일, 업무, 놀이 이후의 뒷정리에 대한 걱정과 계획을 잠시 잊어주세요. 아이와의 놀이에만 집중합니다.

블록 놀이

블록은 남자아이가 더 선호한다고 여길 수 있지만, 남아·여아 모두에게 사랑받는 놀잇감입니다. 여러 색깔과 모양의 블록을 가지고 다양한 작품을 만들 수 있기에 어른에게도 흥미롭게 느껴지지요. 아이의 집중력과 함께 창의력을 기르기에도 제격입니다. 완성된 작품을 보며 성취감도 느낄 수 있고요.

때로는 아이와 블록 놀이를 할 때, 대화를 주고받기 어렵다는 고민을 듣습니다. 아이가 블록에만 몰두해 있기 때문이지요. 아이가 블록으로 무언가를 만들 때는 몰입할 수 있는 시간을 제공하되 아이에게 블록을 건넬 때, 블록의 색깔이나 모양을 말해주세요.

아이가 블록을 다 만들고 난 후, 아이가 만든 작품을 함께 보며 호응해 주세요. 아이가 마음껏 뽐내며 자신이 만든 작품을 소개할 수 있도록 이끌어 주세요. 아이의 작품을 주인공으로 삼아 함께 역할놀이를 하면, 더욱 풍성하게 대화를 주고받을 수 있습니다. 아이의 안전을 살피면서 함께 정리하는 습관을 들여주세요.

어떤 블록이 좋을까?

1. 36개월 미만의 아이에게는 크기가 작은 블록보다 크기가 크고 모서리가 뾰족하지 않은 블록을 추천합니다(예: 소프트 블록).

2. 블록마다 구성품이 상이해요. 블록의 형태나 모양도 다양합니

다. 새로운 블록을 구비하는 것도 좋지만, 집에 있는 블록을 먼저 활용해 보세요. 아이가 관심을 보이는 블록과 만들고자 하는 과정을 엄마가 따라주세요.

아이가 블록과 친해질 수 있는 충분한 시간을 주세요. '이건 무슨 색이지? 이건 무슨 모양일까? 어떤 블록이 더 크지?'와 같이 아이의 지식을 확인하는 질문 대신 아이가 이끄는 대로, 아이가 블록을 어떻게 가지고 노는지 관찰해 보세요.

동물원 블록놀이를 하며 아이에게 동물들을 소개해 달라고 말해보세요. 아이가 주도하는 말자극 놀이를 경험할 수 있습니다.

말의 분위기와 몸짓	건네는 말
블록을 꺼내며	(블록 보관 상자의) "뚜껑 열어. 블록이 많~네." "블록 꺼낼까? 어떤 색 먼저 꺼낼까?" (아이가 쏟으려 할 때) "쏟을 거야? 쏟으면 위험해. 아야, 다칠 수 있어."
블록을 쌓고 무너뜨리며	"블록 쌓아. 블록 올리자. 차곡차곡." "우와, 높~이 쌓을 거야? 높이 높이!" (블록이 무너질 때) "와르르~ 무너지네!"

블록을 장난감 통에 담으며	"블록 (상자에) 담아. 큰 통에 넣어." "모두 제자리에 놓자."
블록으로 만들며 아이가 만든 것을 함께 보며, 아이가 직접 소개할 수 있도록 유도하기	"블록 끼워/꽂아/빼." ☐ 제품마다 다르지만, 기차/집/동물원 만들기가 가능한 블록(또는 레고)을 활용해보세요. • 기차: "(기찻길) 끼워/넣어/길-게 만들자. 엄마/아빠/아기/사자/코끼리 태우자, 기차에 올라타, 칙칙폭폭, 기차가 출발해요!" • 집: "벽돌 높이 쌓아/지붕도 만들자. 문도 만들까? 여기로 들어가. 똑똑~ 여기에 ○○(아이 이름)(이) 있나요?" • 동물원: "사자/호랑이/코끼리/기린/토끼/얼룩말 있네. 우리(울타리) 안에 있어/ 토끼 집은 작고, 사자 집은 크다."
	"우와, 이건 뭘까? 누구 집일까?/누가 사는 동물원일까?/누가 타고 있는 기차일까?" "엄마한테 소개해 줄 수 있어? ○○(아이 이름)(이)가 무엇을 만들었는지 정말 궁금하다! 정말 멋진걸!"

• 블록과 관련된 단어: (빨간/노랑/파란/초록색) 블록, (아이가 만드는) 집/기차/비행기/동물원, 자동차, 동물(기린, 호랑이, 사자, 토끼 등)

• 관련 동작어: 꽂아, 끼워, 빼, (상자에) 담아, (상자에서) 꺼내, 정리해

• 상태/감정을 표현하는 말: (블록을 쌓으며) 높이/짧게, 길게/짧게

• 의성어/의태어: (블록이 무너질 때) 와르르, (블록을 쌓을 때) 차곡차곡, (기차를 만들며) 칙칙폭폭

자동차 놀이(주차장 놀이)

자동차는 자연스러운 어휘 확장을 돕는 장난감 중 하나입니다.

3~5대의 자동차만으로도 도로놀이부터 주차장 놀이, 주유소 놀이, 공사장 놀이까지 여러 가지 놀이로 확장할 수 있어요. 자동차를 타고 마트에 갔다가 갑자기 사고가 나서 구급차로 변신하고, 어느새 멋진 구조대가 되기도 합니다.

상담 현장에서는 자동차만 가지고 놀려고 하는 아이에 대한 고민을 종종 마주합니다. 많은 부모님이 자동차를 숨겨 놓아야 할지 계속 자동차만 가지고 놀게 해도 될지 염려하지요. 아이들에게 인기 만점인 자동차로 상호작용을 하는 데 어려움이 따르는 이유가 뭘까요? 충분히 몰입해서 놀고 있는 아이를 부모가 개입해서 방해하지 않았는지 살펴볼 필요가 있습니다. 함께 상호작용을 하고 싶다면 놀이하는 아이의 행동을 먼저 읽어주세요(예: 아이가 자동차를 주차하는 놀이를 할 경우 "파란 자동차가 주차장으로 들어가네"라고 말해줍니다).

아이가 주도권을 가지고 자동차 놀이를 한 후에 새로운 놀이 도구(예: 주방 놀이, 병원 놀이, 마트 놀이 등)를 자연스럽게 제안해 주세요. 예를 들어, 파란 자동차를 움직이다가 갑자기 사고가 나서 병원으로 가는 상황을 만들어 주는 거지요. 자동차 놀이에서 병원놀이로 확장해 갈 수 있답니다.

놀이를 확장하기 전에, 아이가 선호하는 장난감이라면 아이의 관심사를 존중해 주세요. 갑작스럽게 장난감을 없애거나 개수를 제한하기보다는 다른 장난감을 조금씩 노출시키는 방법을 사용합니다. 아이가 관심을 보이는 장난감에 함께 몰입하고, 즐거워하는 경험이 충분히 쌓이는 것이 우선되어야 합니다.

아이와 정서적인 유대와 신뢰가 단단해질수록, 엄마가 제안하는 새로운 놀잇감에도 조금씩 마음을 열고 관심을 보일 수 있을 거예요. 무엇보다 큰 주차장이나 정비소 장난감이 없더라도, 큰 전지(또는 쓰지 않는 벽걸이 달력)와 매직만 있다면 멋진 도로를 마음껏 그릴 수 있습니다. 놀이의 주인공은 엄마의 목표와 장난감이 아닌 '내 아이'임을 잊지 마세요.

장난감 자동차에서 나는 소리를 어떻게 통제해야 할까요?

장난감에서 나오는 소리는 아이가 놀이에 집중할 수 있도록 돕는 역할을 합니다. '버튼을 누르면 소리가 나온다'라는 원인과 결과를 이해하는 인지 능력도 함께 기를 수 있지요. 각종 장난감 자동차(예: 구급차, 경찰차, 소방차 등)에서 나오는 사이렌 소리는 마치 실제 소리와도 비슷하게 들려서 아이는 귀를 쫑긋 세웁니다. 언어치료 현장에서도 장난감에서 나오는 소리는 아이의 흥미를 유도하는 도구가 됩니다. 아이가 좋아하는 소리라면 더욱 빠르게 놀이에 몰입할 수 있지요.

다만, 치료실에서는 장난감 자동차의 건전지를 빼놓기도 합니다. 볼륨 조절이 가능하다면 가장 작은 단계로 조절합니다. 아이와 함께 1대 1로 마주 앉은 상황에서 가장 잘 들려야 할 소리는 장난감 소리가 아닌, '엄마와 아이의 말소리'입니다. 아무리 아이가 좋아하는 자동차 소리라도 서로에게 전하는 말을 막지 않아야 합니다.

먼저, 음소거를 해둔 채로 자동차 놀이를 시작해 보세요. 엄마의 목소리로 '삐뽀삐뽀, 부릉, 붕붕'과 같은 소리를 들려줍니다. 아이가 버튼에 관심을 보인다면, "건전지 넣어", "버튼 눌러", "자동차 소리 꺼/켜"와 같은 엄마의 말자극을 들려주세요.

자동차뿐 아니라 마트 놀이를 할 때의 계산대 소리, 자판기 소리, 그 외의 장난감에서 나오는 소리를 조절해 보세요. 아이가 지루하게 느낀다면 엄마의 표정과 다양한 억양을 통해 아이의 흥미를 유도할 수 있답니다.

말의 분위기와 몸짓	건네는 말
도로놀이	□ 여러 교통기관의 이름을 말하며 다양한 상황을 만들어 주세요. 도로 주변 모습도 함께 표현해 보세요. • 구급차: (사이렌 소리) "삐뽀삐뽀~ 애앵애앵. 아픈 사람이 타고 있어. 빨리 병원에 가자." • 소방차: "출동! 불이 났어. 삐뽀삐뽀~ 불 끄러 가자. 소방관 아저씨, 소방차 타세요!" • 경찰차: "출동! 마트에 도둑이 왔대. 도둑 잡으러 가자." • 택배차/오토바이: "택배/음식 배달하러 가자. ○○(아이 이름)(이) 집으로 가야지." • 우리 집 차: "아빠 차/엄마 차 타고 마트에/할머니 집/어린이집에 가자." □ 도로 주변의 모습 • 신호등: "빨간 불이야. 멈춰! 초록 불이야. 이제 출발해." "차가 많네. 차가 많아서 길이 막히네." "길을 건너자. 횡단보도로 건너. 조심해." "마트/식당/미용실/약국/병원/소방서/경찰서도 보이네."

주차장 놀이	□ 주차장에 주차된 자동차의 이름과 위치를 함께 들려주세요. “다 왔다. 도착했어. 어디에 주차할까?” “노란/빨간/파란/초록/흰색 자동차 옆에/앞에/뒤에 주차하자.” “다 됐다. 이제 차에서 내리자.” “우리 차는 어디에 있지? 주차장에서 찾아볼까?”
주유소 놀이	“갑자기 차에 기름이 떨어졌네? 어떻게 하지? 주유소에 가자. 자동차가 배가 고프대.” “주유소에 가서 기름 넣어. 가득 넣자.” (기름을 넣는 흉내를 내며) “꼴깍꼴깍, 기름 많이 넣자.”
전지 활용하기	□ 큰 전지나 뒷면이 깨끗한 큰 달력을 준비해요. 아이의 손에 묻어도 지울 수 있는 펜과 크레용도 함께 준비해 주세요. (길을 그리며:) “엄마가 도로 그릴게. 도로랑 신호등이랑 표지판도 그리자.” (도로 주변을 꾸미며:) “여긴 우리 동네야. 뭐가 있을까? 마트랑 병원이랑 소방서가 있어. 그리고 경찰서랑 어린이집도 있지.” (도로에 피규어(사람, 자동차, 나무, 신호등)를 세우며: “이제, 엄마/아빠랑 같이 어디에 갈까?”
아이가 꾸민 것을 함께 보며	□ 아이가 평소에 관심을 갖고 있는 차에 대한 설명을 유도해 보세요. □ 엄마도 많은 관심과 흥미가 있다는 리액션을 표현해 주세요. “이곳은 어디야? 이 차는 어떤 차야?”

• 자동차 놀이와 관련된 단어: 교통기관(트럭, 택배차, 소방차, 구급차, 경찰차, 레미콘, 버스, 크레인, 오토바이 등), 주변 건물(소방서, 경찰서, 마트, 병원, 교회 등), 신호등, 횡단보도, 표지판, 주차

• 관련 동작어: (차) 타/내려, 멈춰, 출발, (택배차가) 배달하다, (길을) 건너다, (기름을) 넣다, (신호를) 기다리다

• 상태/감정을 표현하는 말: 빨리/천천히, 조심하다, (차가) 멈추다

• 의성어/의태어: 부릉부릉, 붕붕, 쌩쌩, (주유소에서) 꼴깍꼴깍, 덜컹덜컹, 삐뽀삐보, 애앵애앵

전지나 보드판에 간단하게 그린 도로나 마을지도를 가지고도 다양한 상황에서 벌어지는 대화를 연습할 수 있어요. 자연스럽게 역할놀이도 진행할 수 있답니다.

역할놀이

인형을 활용한 역할놀이는 말이라는 꽃을 피우는 데 양분이 가득한 거름입니다. 역할놀이 안에는 사물, 인물의 이름, 사물의 기능, 상태를 표현한 말, 그리고 대화 기술도 함께 담겨 있어요. 앞에서 살펴보았던 블록 놀이, 자동차 놀이뿐 아니라 아이의 일상이 역할놀이의 재료가 될 수 있습니다.

역할놀이를 재미있게 하기 위해서는 많은 인형(피규어)과 인형집, 집을 꾸밀 수 있는 부속품이 필요할 거라고 생각할 수 있습니다. 장난감 개수가 많아야 아이에게 더 많은 언어 자극을 줄 수 있을 것 같다는 마음도 들고요. 저 역시 가정과 치료실에서 역할놀이를 위해 새로운 장난감을 찾아서 구매하고 설레는 마음으로 아이를 기다린 적이 많습니다. 그러나 이 모든 과정을 거치면서

'아이는 많은 장난감보다 즐겁게 놀아주는 엄마를 원한다'라는 사실을 깨달았어요. 함께하는 엄마가 있다면 아이에게는 장난감의 많고 적음은 중요하지 않았습니다.

익숙한 가정환경에서 역할놀이를 재미있게 이끌고 새로운 표현을 들려주는 과정이 쉽지만은 않습니다. 그럼에도 아이는 엄마와 함께하는 놀이 시간 그 자체를 기대하고 있답니다. 아이는 '놀이'를 생각했을 때, 자신의 몸짓, 말, 표정에 함께 반응하고 호응해 주는 엄마의 모습을 떠올립니다. 아이도 엄마도 즐거움을 느낄 수 있는 역할놀이, 이렇게 진행해 보세요.

역할놀이, 이렇게 진행해요!

1. 장난감의 양보다 질에 집중해요

각각의 역할놀이를 위한 장난감이 마련되어 있다면 좋겠지만, 없더라도 괜찮습니다. 아이에게는 주변의 사물을 사용해 필요에 맞게 변신시킬 수 있는 능력이 있습니다. 거실에 놓여 있던 작은 상자가 침대가 되고, 아이의 손수건이 폭신한 이불이 될 수 있지요.

현재 우리 집 거실에 있는 장난감을 충분히 활용해 보세요. 아이는 새로운 장난감에 잠시 몰입할 수 있지만, 새 장난감도 시간이 지나면 익숙해집니다. 엄마의 말과 리액션으로 놀이를 채워준다면 아이에게는 더할 나위 없이 즐거운 역할놀이가 될 수 있어요. 기억해 주세요! 엄마의 말은 필수 영양소, 엄마의 리액션은 맛있는 조미료입니다.

2. 질문으로 아이의 말을 낚아채지 말고, 엄마가 이끄는 놀이는 지양해요

아이는 역할놀이 안에서 주인공이 되고 싶어 합니다. 역할놀이가 이루어지는 공간은 아이가 마음껏 주도권을 가지고 펼쳐나가는 무대지요. 아이의 지식을 확인하거나 아이 말을 대신 해주기보다 아이의 말을 끝까지 들어주세요.

□ 좋지 않은 예

• 아이의 지식 확인하기: "이게 뭐야?", "이게 무슨 색이야?", "뭐 하고 있는 거야?"

• 아이의 말에 끼어들기: (아이가 침대를 가리키며 /누워/를 말하려고 할 때) "토끼야, 여기 누…" → 엄마가 즉각적으로 "침대에 누워" 말하기

• 모방 유도하기: (아이가 '토끼'를 /끼끼/로 말했을 경우) "엄마 말 따라 해 봐. 토!끼! 끼끼가 아니라, 토끼!"

3. 아이의 주도를 따라가요

아이는 한 가지 놀이에 집중하는 시간이 길지 않습니다. 함께 병원놀이를 하다가 바로 다른 자동차를 가지고 오기도 하지요. "더 가지고 놀자. 여기 봐봐." 이러한 말 대신, "이제 그만 놀고 싶어? 그럼, 병원에 갔다가 자동차 타고 가자!" 이렇게 놀이를 확장해 주세요.

□ 역할을 정할 때도 아이가 먼저 선택해요. 처음부터 다양한 역할을 해보지 않더라도 괜찮아요. 엄마와의 역할놀이를 통해 상대방이(상대 역할) 하는 말을 듣고 이해하는 경험을 쌓을 수 있어요.

말의 분위기와 몸짓	건네는 말
병원놀이	의사: "어디 아파요?" 환자: "배/팔/다리/머리/이가 아파요." 환자: "감기에 걸렸어요/배가 아파요/ 배탈이 났어요/팔·다리가 부러졌어요/이가 썩었어요." 의사/간호사: "열이 많이 나네요/주사 놓을게요. 따~끔해요."
동물병원 놀이	의사: "누가 아파요?" 동물 주인: "강아지/고양이/(그 외 아이가 가지고 있는 인형)(이)가 아파요. 다쳤어요." 의사: "강아지/고양이 다리에 주사 놓을게요.""강아지/고양이 다리에 붕대 감을게요."
주방 놀이	□ "뭐 만들까?"와 같이 묻는 대신, 아이가 평소에 자주 먹는 친숙한 음식, 어린이집에서 먹는 음식을 만들어요. "밥/국(찌개)/생선 요리/계란/카레/짜장/볶음밥 만들자." "도마 위에 과일(각 모형의 이름) 올려. 칼로 자르자. 조심해". "냄비 안에 (재료) 넣어/ 후라이팬에 (재료) 올려." "가스레인지 불 켜/꺼." "뜨거우니까 조심해. 위험해." "접시에 (음식) 담아. 국자로 국물 떠." "숟가락/포크/젓가락으로 먹자."
마트 놀이	□ "뭐 사러 갈까?"와 같이 묻는 대신, 아이가 평소에 자주 찾는 친숙한 사물을 예시로 들어요. "우유/바나나/과자/고기 사러 가자. ('-랑'을 붙여서 '우유랑 바나나랑 과자 사러 가자.)" 손님: "과자/고기/우유/바나나는 어디에 있나요?""계산은 어디에서 하나요? 얼마예요?""카드/돈 여기 있어요. 계산해 주세요." 직원: "계산 다 됐어요. 안녕히 가세요."
아이가 원하는 놀이를 할 수 있도록 따라가 주세요. 한 공간에서 여러 가지 장난감(예: 병원놀이와 주방놀이)을 꺼낼 수 있습니다.	

□ 역할놀이를 할 때, 상황에 맞는 말을 듣고 적절하게 사용할 수 있도록 유도해 주세요. 한 번에 많은 어휘를 이해하고 말하지 않더라도, 상황에 맞는 단어를 이해하고 표현하는 경험이 중요합니다.

□ 아이와 함께 각각의 단어를 연결하여 문장을 만들어 보세요(예: 수건으로+발+닦아).

□ 단어뿐 아니라 사회적 표현도 함께 익혀요(예: 고마워, 안녕/안녕하세요/안녕히 가세요/반가워, 아파/빨리 나아, 잘 먹겠습니다/잘 먹었습니다).

- 병원 놀이: 의사, 간호사, 팔/다리/머리/배/이, 청진기, 체온계, (주사) 놓다/맞다, 아프다, (팔/다리가) 부러지다, 깁스, 붕대, (이) 썩다, (열) 재다
- 동물병원 놀이: (강아지/고양이/그 외 동물)이(가) 아프다/다치다, (주사) 놓다/맞다
- 주방 놀이: 요리도구(도마, 칼, 냄비, 후라이팬, 뒤집개), 과일/채소, 담다/자르다/올리다, 뜨겁다/식다, 맛있다/맛없다
- 마트 놀이: 마트에서 파는 것, (마트에)가다, (카트) 끌다, 계산하다

요리 놀이 (직접 만들어요)

□ 시작 전에: 요리 놀이는 아이의 건강에 지장을 주지 않는(예: 알레르기) 음식으로 진행합니다. 아이가 호기심에 재료를 만지려고 시도할 수 있어요. 마음껏 만져보되, 아이의 안전을 우선으로 활동해요. 요리 활동 이후에 뒷정리에 대한 염려는 잠시 잊고, 아이와의 활동에 집중해요.

이제, 아이와 함께 실제 재료를 활용하여 음식을 만들어 볼까요? 아이가 다양한 색깔을 보고 질감을 직접 느낄 수 있도록 유도해 주세요. 아이의 안전을 위해서도 너무 뜨겁지 않은 음식 종류로 선택해 주세요(예: 샌드위치, 주먹밥, 김밥 등).

요리 활동을 하다가 아이의 행동을 통제하는 데 에너지를 많이 쓰는 경우도 종종 있습니다. 아이는 궁금하면 입으로 재료를 넣거나 손으로 만져보면서 탐색하지요. 활동 시작 전, 재료를 필요한 양만큼 미리 덜어주세요. 아이와 함께하는 활동에 더욱 집중할 수 있습니다.

실제 음식 재료를 활용한 요리 놀이는 이후에 음식을 골고루 먹는 생활습관을 만들기에 도움이 됩니다. 건강한 식재료를 활용하여 함께 음식을 만들고 난 후, 맛있게 먹는 모습을 보여 주세요. 음식을 만드느라 수고한 아이에게 고마운 마음도 함께 표현해 보세요. 아이도 평소 맛있는 음식을 정성껏 만들어 주는 엄마에게 감사한 마음을 갖게 됩니다.

말의 분위기와 몸짓	건네는 말
샌드위치 만들기	□ 준비물: 식빵, 치즈, 으깬 감자, 계란, 딸기잼 • 식빵을 누르며: "폭신폭신", "꾹꾹", "부드러워." • 딸기잼 샌드위치: "빵 위에 잼 발라, 숟가락(또는 주걱)으로 발라, 빵 덮어." • 감자 샌드위치: (그릇 안에 삶은 감자를 담은 후) "감자 으깨자, 꾹꾹 눌러, 빵 위에 감자 올려." • 채소 샌드위치: "빵 위에 토마토/햄/계란/상추 올려.(또는 햄이랑 계란이랑 상추 올려). 그리고 빵 덮어."
주먹밥 만들기	□ 준비물: 밥, 참기름, 김 가루, 채소(당근, 호박, 버섯, 계란, 멸치, 참치, 참기름, 비닐장갑, 큰 그릇, 접시 "채소(당근, 호박, 버섯) 잘게 잘라. 칼로 잘라." "큰 그릇에 밥 넣어. 채소랑(또는 채소 이름 하나씩 말하기) 멸치랑 참치랑 계란 넣어." "참기름 섞어/넣어." "김 가루 밥 위에 뿌려. 깨 뿌려." "밥이랑 채소 섞어. (비닐) 장갑 껴." "동그랗게 만들어. 접시 위에 올려(작은 그릇에 놓아)."

꼬마김밥 만들기	□ 준비물: 사각 김, 당근, 오이, 참치, 계란, 햄, 시금치, 치즈, 참기름, 접시, 칼, 도마 "큰 그릇에 밥 넣어. 참기름 섞어. 깨도 뿌리자." "김 올려. 그리고 밥 올려." "(꾹꾹) 밥 눌러. 밥을 펴서 바르자." "당근/오이/참치/계란/햄 올려." "(돌돌) 말아. 길~다. 김밥 잘라. 도마 위에 올려. 칼로 자르자." "김밥 접시에 올려."
음식을 함께 먹으며	"무엇으로 만들었을까?/어떤 재료가 들어갔을까?" "누가 만들었어? 어떻게 만들었지?" "냠냠, 맛있다. 이건 무슨 맛일까?" "천천히, 꼭꼭 씹어 먹자. 물도 같이 먹어."

- 요리와 관련된 단어: 빵, 잼, 감자, 토마토, 계란, 상추, 오이, 햄, 시금치, 치즈, 밥, 깨, 밥, 김, 참기름, 주걱, 숟가락, 접시, 큰/작은 그릇, 도마, 칼
- 관련 동작어: (빵) 올려/덮어, (주먹밥을 만들며) 섞어, (김 가루) 뿌려, (김밥) 말아, (비닐장갑) 끼다(껴), (김밥) 잘라
- 상태/감정을 표현하는 말: 각 재료의 색깔과 느낌(예: 초록색/딱딱한/긴 오이), (빵이) 폭신해, (김밥이) 길어, 맛이 고소해/달콤해/매워/맛있어/맛없어
- 의성어/의태어: (빵을 살짝 눌러보며) 꾹꾹, (큰 그릇에 밥을 섞으며) 오물조물, (익은 채소가) 말랑말랑, (김밥을 말며) 돌돌 말아, 냠냠

놀이터에서

아이에게 놀이터는 매일 가도 질리지 않는 장소입니다. 이제 막 걸음마를 시작한 아이도 언니와 오빠(또는 형과 누나)를 따라 놀이터에 가면 흥겨운 분위기를 느낄 수 있지요. 놀이터에서도

가장 우선이 되어야 하는 것은 아이의 안전입니다. 아이가 흥분하지 않은 상황에서 엄마의 말을 들려주세요.

놀이터는 아이와 1대1 상호작용이 이루어지는 동시에 또래 친구들과의 관계를 시작할 수 있는 공간입니다. 아이는 성향에 따라 친구에게 먼저 다가가는 모습을 보이거나 엄마와만 상호작용하는 모습을 보일 수 있어요. 아이가 충분히 놀이터 공간에 익숙해진 후, 또래와의 놀이를 제안해 주세요.

놀이터에서 볼 수 있는 놀이 기구 외에 주변 자연환경을 함께 보며 이야기를 나눠보세요. 어른에게는 별것 아닐 수 있는 '개미', '모래', '작은 돌', '주변의 풀' 하나도 아이에게는 신기하고 특별하게 느껴질 수 있답니다. 아이의 시선과 움직임을 따라가며 엄마의 말을 들려주세요.

말의 분위기와 몸짓	건네는 말
놀이 기구를 타며	"미끄럼틀 타자. 계단 올라가. 슝~ 내려왔네." "그네 타자. 엄마가 밀어줄게. 손잡이 잡아. (살살 밀며) 우와~ 올라갔다가~내려온다. 바람도 불어." "시소 타자. 엄마랑 아빠랑 같이 탈까? ○○(아이 이름)(이)가 올라가고 엄마가 내려왔네." "빙글빙글 뺑뺑이(회전무대) 타볼까? 엄마가 돌려줄게."
주변의 자연을 관찰하며	"개미가 기어가. 작은 개미야." "지렁이가 기어가. 지렁이가 길-어." "구름이 둥둥. 하늘에 구름이 떠 있어." "작은/큰 돌멩이야. 돌멩이 올리자. 차곡차곡/높이 높이."

날씨 이야기를 나누며	"해가 쨍쨍, 날씨가 더워. 모자 쓰고 나가자. 선크림도 발라." "눈이 내려. 추우니까 장갑 끼고 모자도 쓰고 나가자." "비가 와서/날씨가 추워서 못 나가. 아쉬워."
다 놀고 난 후에	"이제 집에 가자. 모래 털어." "집에 가서 손 닦자." "친구에게 인사할까? 안녕, 또 만나자."
친구와 대화하기	인사하기: "안녕, 만나서 반가워." 제안하기: "우리 같이 탈까?/만들까?/같이 놀자." 양보하기: "먼저 타/차례차례 타자."
아이가 무서워할 때 새로운 기구를 탈 때	"엄마랑 같이 탈까? 용기를 내보자." (다 타고난 후) "너무 멋지다. 어때? 재미있지?"

• 놀이터와 관련된 단어: 미끄럼틀, 그네, 시소, 모래, 개미, 풀, 꽃, 돌, 외출 준비(모자, 장갑, 목도리, 선크림)

• 관련 동작어: (놀이기구) 타다, (그네) 밀다/밀어, (미끄럼틀) 내려오다/내려와, (계단) 올라가, (뱅뱅이) 돌아가/돌려

• 상태/감정을 표현하는 말: (햇볕이) 뜨거워, (바람이) 시원해, 날씨(더워/추워/따뜻해/비가 와/눈이 와)

• 의성어/의태어: (미끄럼틀을 타며) 쌩쌩/씽씽, (뱅뱅이가) 빙글빙글, (해가) 쨍쨍

자연에서 말해요

다양한 감각을 통해 배운 말은 더 오랫동안 기억에 남습니다. 매일의 일상 속에서 느껴지는 바깥의 공기와 냄새(후각), 사계절마다 다르게 마주하는 자연의 모습(시각), 자연이 내는 소리(청각), 각 계절이 선물하는 계절 음식(미각) 그리고 자연을 직접 만지며(촉각) 오감을 깨울 수 있지요.

아이를 양육하면서 특히 주말이나 방학이 되면 '체험'에 대한 부담감을 느끼게 됩니다. 계절마다 다양한 장소에서 많은 풍경을 보여주고 느끼게 해주고 싶은 마음이 들지요. 한편으로는 쉬는 날 집에서만 머무르기 답답한 마음도 듭니다.

자연을 표현하는 말자극은 가정에서 아이와 함께 그림책을 읽고, 거실에서 놀이하고, 사진이나 그림을 보면서도 줄 수 있습니다. 외출에 대한 무거운 부담감 대신에 아이에게 들려줄 말을 언제 어디서든 전해주세요.

직접 바다에 가지 않더라도 우리 집 욕조를 바다처럼 꾸며보세요. 물이 피부에 닿는 느낌, 물이 나오는 소리, 물속에 발을 넣을 때의 기분을 함께 느낄 수 있어요. 즐거움이 더해진다면 더욱 생생한 언어를 배울 수 있습니다. 아이가 오감을 통해 행복한 마음으로 말을 배울 수 있는 터전을 만들어 주세요.

바다에서 들려주는 말자극

바다는 각 계절과 날씨에 따라 언제나 다른 모습을 보여줍니다. 먼저 아이와 함께 바다 위의 배, 고기를 잡는 모습, 해변의 분위기를 천천히 살펴보세요. 그러고 난 후, 아이에게 바다의 색, 소리, 온도(촉각), 다양한 해산물의 이름과 느낌을 들려주세요. 긴 문장이 아니라도 괜찮습니다. 아이와 함께 보고 느낀 그대로 표현해 보세요. 바닷가 주변을 모두 둘러보지 않아도 괜찮습니다. 아이의 컨디션에 따라 아이가 즐길 수 있는 만큼 탐색해 보세요. '바다는 즐겁고 신기함이 가득한, 또 가고 싶은 곳'이라는 행복한 기억을 매 순간 담아주세요.

말의 분위기와 몸짓	건네는 말
함께 바다를 보며	□ 바다의 색과 겉모습을 살펴보며 아이와 함께 다양한 표현을 만들어 보세요. 하늘색, 파란색, 푸른색 외에 물빛색, 진파란색, 부드러운 파란색 등 다양한 표현을 떠올려요. "철썩철썩 파도치고 있어. 박수 소리 난다. 짝짝짝!" "바다 위에 배가 둥둥 떠 있어." "어부가 고기를 잡고 있어." "반짝이는 물결, 울퉁불퉁해." "물고기가 헤엄치고 있어." "미역이 춤추고 있어."
바다의 소리를 들으며	"철썩철썩", "첨벙첨벙/참방참방", "풍덩", "쏴아"
바닷물을 만져보며	"수영복 입고 모자도 쓰자." "앗! 차가워! /시원해." "옷이 젖었어. 축축해. 햇볕에 말리자."
해산물을 함께 보며 (아이가 먹을 수 없다면, 함께 만져보며 느껴요).	"파닥파닥 물고기야." "미끌미끌 미역이야." "딱딱한 꽃게야. 뾰족한 가위도 있네." "딱딱한 조개야. 모자처럼 생겼지?" "올록볼록 문어야. 통통해."
해변을 함께 걸으며	"모래가 반짝반짝 빛나. 작은 돌이랑 큰 돌도 있어." "조개가 뾰족하니까 조심해. 밟으면 따가워." (소라 껍질을 귀에 대고) "쏴아~ 바다 소리가 나. 모자처럼 생겼어."
집으로 돌아오는 길에 또는 사진을 함께 보며	"어디에 갔지? 누구랑 같이 갔어?" "무엇을 보았지? 맞아, 바다가 넓-었어." "바다에서 철썩철썩 소리도 났어." "물고기랑 조개랑 소라 봤어. 배 타고 있는 어부도 봤어."

- 바다와 관련된 단어: 바다, 파도, 모래, 미역, 물고기, 꽃게, 조개, 문어, 오징어, 소라, 수영복, 배, (바다) 위
- 관련 동작어: (배) 타, (물에) 들어가, (고기) 잡아, (수영복) 입어, (모자) 써, (선크림) 발라
- 상태/감정을 표현하는 말: (물) 차가워/시원해, (옷이) 젖어, 축축해

의성어/의태어: 철썩철썩, 첨벙첨벙(참방참방), 풍덩, 둥둥, 미끌미끌, 반짝반짝(모래, 물빛), 딱딱한/부드러운, 올록볼록(문어)

하늘을 보며 들려주는 말자극

아이와 함께 높은 하늘을 보면 엄마의 마음도 시원해집니다. 하늘은 오늘 날씨를 그대로 드러내지요. 하늘을 보며 엄마의 말을 들려주면서 아이의 말을 함께 수집해 보세요. 하늘의 색, 구름의 색과 모양, 하늘 위의 새는 아이 말의 재료가 됩니다.

하늘을 보며 대화를 나눌 때 아이의 엉뚱한 말도 함께 모아보세요. 아이의 눈으로 본 하늘의 모습을 귀를 기울여 듣고 공감해 주세요. 아이는 이 시간을 통해 말을 만드는 즐거운 경험을 쌓을 수 있어요.

말의 분위기와 몸짓	건네는 말
맑은 날	"파란 하늘/하늘색 하늘/푸른 하늘/높은 하늘/깨끗한 하늘/맑은 하늘이야." "하늘색 도화지, 하얀 도화지 같아."
흐린 날	"흐린 하늘/어두운 하늘/비 올 것 같은 하늘/울먹이는 하늘이야." 미세먼지가 있어서 "답답한 하늘이야."

비 오는 날/ 눈 오는 날	"하늘에서 주룩주룩 비가 내려. 하늘이 엉엉 울어." "하늘에서 눈이 내려. 하늘에서 솜사탕 뿌려."
새/비행기를 보며	"까치/참새/비둘기가 하늘로 날아가." "비행기가 날아가. (비행기 꼬리를 가리키며) 비행기가 응가해."
구름 묘사하기	"뭉게구름/먹구름/비구름/먼지 구름이야." "구름이 솜사탕/날개/깃털/새털 같아." "구름이 (동물 이름/꽃 이름/도형 이름) 같아." "구름이 둥실둥실 떠다녀." "뭉게뭉게 뭉쳤어."
아이와 함께 하늘을 보며 감정 나누기	"하늘이 맑아서 기분이 좋아/행복해/즐거워." "비가 와서 시원해/아쉬워/속상해." "미세먼지가 많아서 답답해."

• 하늘과 관련된 단어: 하늘색, 흰색, 깃털, 까치, 비둘기, 참새, 구름(먹구름/비구름/새털구름/날개 구름/깃털 구름), 먼지, 눈, 비

• 관련 동작어: (새, 비행기가) 날아/날아가

• 상태/감정을 표현하는 말: (하늘이) 높아, (하늘이) 맑아/깨끗해/흐려, 감정(즐거워/아쉬워/속상해/답답해)

• 의성어/의태어: 뭉게뭉게, 둥실둥실

□ 함께 읽으며 대화해요: 『구름빵』(백희나 지음, 한솔수북)

들판/하천에서 들려주는 말자극

아이와 함께 주변 산책로나 가까운 하천을 걸어보세요. 자연에서는 예측하지 못한 상황도 마주하곤 합니다. 아이에게 말을 가르칠 때, 우연히 일어나는 상황은 말을 더욱 맛있게 배울 수 있는

교과서가 되어줍니다. 외출 중에 갑작스럽게 비가 내릴 때 옷이 젖고, 축축해지고, 옷을 말리는 상황에서도 다양한 단어를 배울 수 있지요.

아이는 산책 중에 단어로 분명하게 말하지 않더라도 엄마에게 관심을 공유하기 위한 몸짓과 표현을 보일 거예요. 기어가는 벌레, 날아다니는 나비, 활짝 핀 꽃을 보고 엄마에게 관심을 공유하기 원할 때 함께 보며 반응해 주세요(예: "흰나비다, 꽃에 앉았네!").

아이와 재미있는 이름도 함께 만들어 보세요. 엄마와 아이만의 이름을 만들며 말놀이를 하는 거지요. 강아지풀은 '할아버지 수염풀', 해바라기는 '키 큰 꽃', 민들레 씨는 '아기털꽃'과 같은 이름을 만들어 보며 자연을 즐겨보세요. '오리'와 '개구리'와 같이 /리/로 끝나는 단어 노래를 부르며 흥을 돋우며 즐겁게 말을 배울 수 있습니다. 아이는 엄마와 함께 온몸으로 자연을 느끼며 살아있는 언어를 배우는 시간을 즐길 거예요.

말의 분위기와 몸짓	건네는 말
꽃/잎파리/풀을 보며	"새싹이 돋아나네, 노란 민들레/ 민들레씨 호~ 불자." "장미/해바라기/나팔꽃이 활짝 피었어. 장미꽃 가시는 뾰족해." "강아지풀이 할아버지 수염 같아." "벚꽃이 솜사탕 같아. 바람불어서 나무에서 떨어져." "단풍잎/은행잎/솔잎/떡갈나무잎/밤나무잎이 떨어졌어." "알밤/도토리는 동글동글 딱딱해." "뾰족한 밤송이야. 밤송이 안에 밤이 숨어 있어." "동그란 감이 주렁주렁 열렸어."

살아있는 생물을 보며	"흰나비/호랑나비/노랑나비가 훨훨 날아갔어. 꽃 위에 앉았어." "참새/까치/까마귀/날파리/벌이 날아가. 까치는 까까 울어." "벌이 윙윙 날아갔어. 벌은 꿀을 모아." "지렁이/개미/무당벌레/딱정벌레가 기어가고 있어." "개구리가 폴짝 뛰어가." "달팽이/지렁이가 기어가. 달팽이가 나뭇잎 위에 있어." "오리/백조가 둥둥 떠 있어." "오리가 발로 헤엄쳐."
하천의 물을 보며	"물이 졸졸 흘러가." "오리가 첨벙첨벙 수영하고 있어." "엄마/아기 오리가 둥둥 떠다녀."
아이와 함께 들판/하천을 보며 감정 나누기	"꽃이 예쁘다. 행복해. 기분이 좋아." "봄바람이 살랑살랑. 기분이 설레." "벌레가/벌이 무서워. 조심하자." "꽃이 신기해. 무슨 색인지 볼까?" "넘어져서 아파. 집에 가서 약 바르자."

- 들판/하천과 관련된 단어: 꽃 이름, 낙엽 이름, 열매 이름, 새, 땅, 호수
- 관련 동작어: (지렁이가) 기어가, (새/벌이) 날아가, (개구리가) 뛰어가, 걸어, (오리가) 헤엄쳐
- 상태/감정을 표현하는 말: (도토리/밤이) 딱딱해, (가시가) 따가워
- 의성어/의태어: (나비가) 훨훨, (물이) 졸졸, (개구리가) 폴짝, (오리가) 첨벙첨벙, (벌이) 윙윙, (꽃이) 활짝, (싹이) 쑥쑥, (봄바람이) 살랑살랑

부록.
말자극 수업을 위한 준비물

부록 1. 사진 자료와 칠판을 활용해요

도구를 사용하기 전에

1. '언어발달을 돕는 도구'란 무엇일까요?

아이에게 말자극을 주고, 상호작용을 하는 데 다리의 역할을 하는 도구를 말합니다. 가정에서 가장 많이 활용되는 카드(그림•실물), 자석 교구, 그림책 활용해요.

2. 도구의 양이 많을수록 좋을까요?

아이의 언어발달을 촉진할 때, 도구의 양은 중요하지 않습니다. 하나의 도구를 다양하게 활용하는 경험이 더욱 중요합니다. 한꺼번에 많은 양의 도구와 말자극을 주기보다 아이가 소화할 수 있을 만큼의 자극을 주세요. 서로가 부담을 갖지 않고 활용할 수 있도록 편안하게 시작해 보세요.

3. 비쌀수록 좋을까요?

아이가 안전하게 가지고 놀 수 있는 도구라면, 가격 부담이 없는 도구로 선택하세요. 도구의 질을 고려할 때도 '상호작용의 질'이 우선되어야 합니다. 아이는 호기심이 생기고 재미를 느끼면 도구에 관심을 보입니다. 마음껏 탐색하고 조작할 수 있는 편안한 도구라면 아이와 엄마에게는 최고의 도구입니다.

4. 아이가 카드를 좋아하지 않아요

아이마다 카드에 관심을 보이는 정도가 다릅니다. 학습이나 과제로 느낄 경우, 더 거부하는 마음을 가질 수 있어요. 아이를 테스트하는 의도보다 편안하게 노출해 주는 목적이 중요합니다. 카드에 대한 선호도가 아이의 어휘력을 말해 주지 않아요. 아이가 익숙해질 수 있는 충분한 시간을 주세요.

카드와 사진 활용하기

카드를 떠올리면 "이게 뭐야?" 질문에 답을 말하거나 "○○ 어디 있어?" 질문에 손가락으로 가리키는 모습이 떠오릅니다. 시중에는 많은 종류의 카드가 있어요. 실물의 모습이 그대로 담긴 실물 사진카드, 그림카드, 세이펜을 활용할 수 있는 카드도 있지요.

카드를 선택하는 기준은 우선, 사물의 모습이 뚜렷해야 합니다. 아이는 직관적으로 보기 때문이지요. 처음에는 실물 사진으로 시작해 보세요. 아이가 더 쉽게 이해할 수 있어요. 그림카드도 아이의 친숙도에 따라 활용할 수 있어요. 아이가 보았을 때 한 번에 분명하게 알 수 있는 그림카드를 선택해 주세요.

가정에서 카드를 활용한다면 학습 도구가 아닌 놀이 도구가 되어야 합니다. 카드를 사용하는 시간을 따로 마련하지 않더라도 일상에서 대화하듯 자연스럽게 녹여내는 거지요. 아이가 마치 장난감처럼 카드를 조작하더라도 제지하기보다 여유를 마련해 주세요. 아이가 카드와 친숙해지고 관심을 보이면서, 엄마도 만족스럽게 카드를 활용할 수 있을 거예요.

① 카드(낱말 카드)

아이에게 친숙한 사물 3~5개의 사진을 벽에 붙여보세요. 벽에 공간이 없다면, 냉장고나 방 문 앞에 붙여주세요. 카드를 활용할 때도 듣는 경험이 우선되어야 합니다. 아이에게 "이게 뭐야?" 질문하기 전에 컵 사진을 가리키며 "이건 컵이야"와 같이 말해주세요.

사물의 이름과 함께 기능을 들려주면 더욱더 쉽게 이해할 수 있습니다. "이건 컵이야. 컵으로 물 마셔"와 같이 사물을 어떻게 사용하는지 함께 전달해 주세요.. '컵, 수건, 칫솔'과 같이 아이가 익숙하게 다루는 사물 사진으로 시작해요.

새로운 사물의 이름을 가르쳐주고 싶다면 익숙한 사물 사진 3~5개, 새로운 사물 사진 1~2개 5:1의 비율로 구성해 보세요. 아이도 낯설지 않게 느끼면서 새로운 사물 사진에 관심을 보일 거예요. 아이가 직접 새로운 카드를 선택한 후, 함께 붙이면 더욱 흥미와 동기를 이끌어 낼 수 있습니다.

카드는 무엇보다 일반화가 되어야 합니다. 가정에 있는 카드로 정답을 가리키거나 말할 수 있는지에 대한 여부보다 일상에서 해당 단어를 알 수 있어야 하지요. 카드에서 사진으로 보았던 사물을 일상에서도 보여주세요. 얼마나 빠르게 습득하는지보다 천천히 소화 시키는 과정이 더 중요합니다.

<table>
<tr><th>카드 활용 놀이</th><th>활용 방법</th></tr>
<tr><td colspan="2">□ 놀이할 때는 아이에게 익숙한 사물을 먼저 선택합니다.
□ 아이가 카드를 선택할 때 곁에서 충분히 기다려 주세요.
□ 1~2주마다 사물 카드의 위치를 바꾸거나 새로운 카드를 1~2장씩 추가해 주세요.</td></tr>
<tr><td>나 찾아봐라</td><td>1. 집 안에 아이의 시선과 팔이 닿을 수 있는 높이로 카드를 붙여 놓으세요. 거실, 주방(냉장고 문), 방문에 붙인 후, 아이와 함께 이름을 말해보세요.
2. 아이가 위치를 기억할 수 있는 충분한 시간을 가진 후, “양말 사진 어디에 있지? 나 찾아봐라~” 질문해요.
3. 아이가 사진을 가리키거나 가지고 오면 박수와 칭찬으로 호응해 주세요.
4. 칭찬과 함께 “찾았다, 양말! 발에 신는 거지!” 사물의 이름과 기능(또는 관련 동작어)을 함께 말해주세요.</td></tr>
</table>

줄에 걸어요	1. 튼튼한 끈과 빨래집게(또는 끈과 집게 세트)를 준비해요. 2. 카드 4~5장을 한 장씩 집게로 집어요. 3. 아이와 함께 카드를 줄에 걸어요. 사물 카드의 이름과 '걸어' 동작어를 함께 말해요(예: "양말 사진+걸어"). 4. 카드를 뺄 때도 사물의 이름과 동작어 "빼"를 함께 말해요(예: "양말 사진+빼"). 5. 아이와 함께 '나 찾아봐라' 놀이도 함께할 수 있습니다.
카드 낚시 놀이	1. 카드 뒷면에 자석을 붙여요. 클립을 끼워도 좋습니다. 2. 넓은 상자에 카드를 담아요. 3. 자석이 붙은 낚시대를 이용하여 카드를 잡아요. 4. 낚싯대를 들며 "(사물 이름)+잡았다" 외쳐요. 5. 잡은 카드를 다른 통에 넣으며 "(사물 이름)+통에 넣어" 말할 수 있어요. 6. 마지막으로 통을 확인하며 사물의 이름과 기능을 함께 말해요(예: "컵은 물을 마시는 거야").

② 사진

요즘은 사진을 인화하기보다 스마트폰에 저장하는 경우가 많습니다. 저 또한 아이의 사진을 6개월마다 한 번씩 인화하다가 시기를 놓쳤던 기억이 납니다. 스마트폰 속 사진을 정기적으로 인화하는 과정이 쉽지만은 않지요.

번거롭더라도 아이의 추억이 담긴 사진을 인화하면 그만큼 많은 추억도 함께 떠올릴 수 있습니다. 스마트폰이나 패드를 활용할 수도 있지만, 집안 곳곳에 붙어 있는 사진은 이야기의 물꼬를 트는 역할을 해줍니다. 미디어 노출도 방지할 수 있고요.

아이의 눈높이에 맞게 사진을 붙여주세요. 거실 벽면이나 침실, 아이 방에 공간을 마련해 보세요. 공간이 넉넉하지 않다면, 기억하고 싶은 순간이 담긴 사진(예: 생일, 가족여행, 어린이집에서의 생활)을 몇 장 선택해서 붙인 후 이야기를 나눠보세요. 질문보다는 아이와의 추억을 나긋하게 들려주며 대화를 시작할 수 있답니다.

<table>
<tr><th>사진 주제</th><th>대화 나누기</th></tr>
<tr><td colspan="2">□ 아이가 사진을 보고도 기억하기 어려울 수 있어요(예: 돌사진). 당시의 상황을 아이에게 차분하게 설명해 주세요.
□ 아이가 이해할 수 있는 단어와 짧은 문장 길이로 들려주세요.
□ 사진을 보며 엄마의 감정도 함께 전해주세요. 성장한 아이에게 격려의 말도 함께 전해주세요.</td></tr>
<tr><td>아이의 생일</td><td>“○○(아이 이름)의 ○살 생일에 찍은 사진이야.”
“엄마랑 아빠랑 같이 생크림/딸기/초코케이크 먹었어.”
“초를 ○개 꽂고 생일축하 노래를 불렀어.”
“○○(아이 이름)(이)가 촛불을 ‘호~’ 불었어.”</td></tr>
<tr><td>가족여행
(예: 바닷가)</td><td>“엄마랑 아빠랑 같이 바다에서 찍었어.”
“차/기차 타고 갔어.”
“해가 쨍쨍, 햇볕이 뜨거워서 모자 쓰고 있네.”</td></tr>
<tr><td>어린이집
(예: 산책)</td><td>“선생님이랑 친구들이랑 같이 산책 갔네.”
“친구 누구랑 다녀왔는지 볼까? (친구 이름)랑 (친구 이름)랑 같이 갔구나.”
“꽃도 활짝 피어 있네. 날씨가 따뜻했지?”</td></tr>
</table>

자석 칠판(화이트보드)을 활용해요

이와 함께 자석 칠판을 자유롭게 꾸며보세요. 자석 칠판에 붙는 교구와 지워지는 보드마카만 있다면, 아이만의 도화지가 됩니다. 아이가 그리고 싶은 것을 그리고, 다양한 주제의 자석 교구를 붙여보세요. 자석 칠판이 바다, 들판, 하늘의 모습으로 채워질 수 있어요.

아이는 소근육 발달 과정 중에 있어요. 보드마카를 잡고 그림을 그리기까지 손 움직임이 서툴 수 있지요. 아이가 원하는 대로 그리며 표현하는 과정에 집중해 주세요. 자석 교구를 처음 마주한 아이는 칠판에 자석 교구를 붙이려고만 하는 모습을 보일 수 있습니다. 아이에게도 충분히 조작하고 탐색하는 시간이 필요합니다.

자석 칠판을 사용하는 데 무리가 있다면 냉장고 문을 활용해 보세요. 냉장고 문에 그림은 그릴 수 없지만, 자석 교구를 붙이고 떼며 다양한 단어를 자연스럽게 익히는 공간이 됩니다. 자석 교구를 뗄 때, 함께 통에 담으며 한 번 더 단어를 듣고 반복하여 말할 수 있어요.

자석 칠판은 한글이나 숫자를 배우기 위한 도구가 아닌 아이만의 요술 도화지라는 것을 기억해 주세요. 엄마는 칠판에 담긴 아이의 세상에 온 손님입니다. 어떠한 그림을 완성하거나 정답을 말하는 과제의 틀에서 벗어나 보세요. 자석 칠판은 아이와 엄마 모두에게 유용한 말 배우기 도구가 될 거예요.

자석 칠판 놀이	활용 방법
□ 자석 칠판 놀이를 할 때도 질문보다 '들려주는 말'이 중요합니다. □ 앞에서 함께 살펴보았던 '상황/장소에 따른 엄마의 말자극'을 들려주세요. □ 이 외에도 자석(음식 종류)을 주방 놀이 교구에 담아서 요리 놀이, 마트 놀이, 식당 놀이를 진행할 수 있어요.	
마을과 도로놀이	1. 보드마카로 곡선과 직선을 그려주세요. 도로와 꼬불길이 생겨납니다. 2. 마트, 병원, 소방서, 경찰서 등 아이와 자주 가는 곳을 간단히 그려요. 3. 도로 위에 자석 교구(교통수단)를 놓아주세요. 아이가 붙이고 싶은 곳에 마음껏 붙여요. 4. 주변에 나무, 신호등, 지나가는 사람을 함께 그리거나 붙여요. 5. 완성한 후 아이와 함께 우리 마을과 도로의 모습을 설명해요.
동물원 놀이	1. 보드마카로 동그란 울타리를 그려주세요. "큰 동그라미, 작은 동그라미"라고 말하며 아이의 손을 잡고 함께 그려보세요. 2. 함께 그린 울타리 안에 동물 자석을 붙여보세요. "호랑이야, 들어가", "호랑이가 갇혔어", "울타리에서 꺼내주자"와 같은 표현을 들려줘요. 3. 음식 자석을 울타리 안에 넣거나 동물(예: 원숭이) 입 주변에 붙이며 "바나나 먹어"와 같이 말해요. 4. 동물원을 완성하고 난 후, 어떤 동물이 있는지 함께 살펴보세요.
냉장고 놀이	1. 보드마카로 큰 네모를 그린 후 직선을 그리며 칸을 나눠주세요(2~3칸). 2. 1층~3층까지의 냉장고를 아이와 함께 꾸며요. 냉장고에 들어갈 음식 자석을 함께 붙여요. 3. "1층에 우유 넣어(붙여)", "3층에 아이스크림 넣어(붙여)", "딸기는 2층에 넣어(붙여)"와 같은 표현을 말해요. 4. 완성된 냉장고를 함께 보며 어떤 음식을 가장 좋아하는지 이야기를 나누어요.

옷 꾸미기 놀이	1. 보드마카로 얼굴과 눈, 코, 입을 그려요. 아이의 손을 잡고 머리도 그려요. (예: 긴 머리, 짧은 머리, 꼬불 머리) 2. 티셔츠, 치마, 바지를 그린 후 자석 교구를 마음껏 붙여요. 3. 아이가 붙이는 자석 이름을 함께 말하며 "나비+붙여", "나비랑 꽃 붙여", (꽃 자석을 떼며) "꽃 떼자" 들려주세요. 4. 완성된 옷을 함께 보며 어떤 장식이 있는지 이야기를 나눠요. 완성된 옷 앞에서 사진도 찰칵 찍어보세요.

부록 2. 그림책을 활용해요

아이에게 그림책을 왜 그림책을 읽어줘야 할까요? 부모교육을 진행하다 보면, 대부분 아이의 말을 빨리 트이도록 돕기 위해서 그림책을 읽어준다고 답합니다. 더 나아가 인지, 정서, 문해력 발달과 함께 한글을 빨리 깨치기를 원하는 마음도 품게 되지요.

여러 가지 목적을 가지고 아이에게 그림책을 읽어주면서 엄마의 고민은 깊어집니다. 어떤 전집의 구성이 괜찮은지, 요즘 인기 있는 그림책은 무엇인지, 그리고 아이의 친구들은 그림책을 평소에 얼마나(몇 권) 읽는지에 대한 궁금증이 생기지요.

그림책의 종류나 양보다 우선되어야 할 것은 아이와 함께하는 시간입니다. 아이에게 그림책을 읽어줄 때 아이가 얼마나 즐거움을 느끼는지 여부에 초점을 맞춰주세요. 앞서 함께 살펴본 놀이와 마찬가지로 그림책도 아이가 주인공이 되어야 합니다.

그림책 육아에 앞서 힘을 한 번 빼보는 것은 어떨까요? 아이는 그림책을 읽는 목적을 따로 가지고 있지 않습니다. 그저 책이 재미있고 관심이 가면 스스로 책을 펼쳐봅니다. 때로는 마치 그림책의 글자를 읽는 것과 같이 문장을 술술 말하는 모습도 보이고요. 책을 읽어주었던 엄마의 말을 기억하는 거지요.

아이는 책의 내용을 이해하지 못하더라도 엄마가 읽어주는 목소리, 엄마의 냄새, 따스한 분위기를 기대하고 기억합니다. 양육자라면 먼 훗날의 아이가 스스로 읽는 어른으로 성장하기를 원합니다. 책에 대한 행복한 기억은 책을 좋아하는 어른으로 성장하는 데 밑바탕이 됩니다.

그림책 선택하기

어떤 아이는 한 권의 그림책을 반복해서 읽는 모습을 보이고, 어떤 아이는 여러 권의 그림책을 가볍게 훑어보기를 즐깁니다. 선호하는 그림책의 주제도 다릅니다. 우주, 바다, 곤충 그림책부터 일상의 모습이 담긴 생활 습관 그림책까지 다양하지요.

그림책을 선택하는 기준에 답은 없지만, 책 읽는 시간은 아이도 엄마도 즐겁고 편안해야 합니다. 아이에게 책 읽어주기는 단기간에 끝나지 않아요. 꾸준히 지속해야 하는 시간이지요. 제시된 세 가지 기준은 그림책 읽기에 대한 부담을 줄이면서 보다 편안하게 선택하는 방법입니다.

① 그림이 선명하고 뚜렷한 책을 선택해요

그림책은 작가가 아이에게 전하고 싶은 메시지를 그림에 담은 책이에요. 글 속에도 메시지가 담겨 있지만, 그림이 주는 힘이 큽니다. 처음 그림책을 구매한다면, 그림이 선명하고 뚜렷한 책을 선택하세요.

아이가 보았을 때 한 번에 알아볼 수 있도록 있는 그림은 이해하기에도 수월합니다. 컵, 칫솔, 양말의 모습이 분명하게 드러날수록 읽어주는 엄마도 편안하게 상호작용을 시작할 수 있어요. 그림책을 읽어주면서 아이의 상호작용 시도를 함께 살펴볼 수 있지요.

아이는 처음 그림책을 마주할 때, 표지에 담긴 그림으로 시선이 향합니다. 어른도 낯선 나라의 언어로 쓰인 책을 접했을 때, 그림이 먼저 눈에 들어오는 것과 같지요. 아이가 편안하게 볼 수 있는 그림책이 선택의 기준이 되어야 합니다. 아이도 그림책에 관심을 보이면서 후회 없는 그림책 선택이 될 수 있어요.

② 일상생활이 담긴 그림책을 선택해요

아이에게 친숙한 주제의 내용이 담긴 그림책을 선택합니다. 엄마에게는 그림책을 통해 새로운 단어를 알려주고자 하는 목적이 숨어 있지요. 아이는 이해하기 쉬울수록, 엄마의 목소리에 귀를 기울입니다. 아이에게 어렵게 느껴지면 바로 다른 곳으로 시선을 돌릴 가능성이 큽니다.

아이의 일상에서 자주 보는 사물과 생활의 모습이 담긴 그림책을 선택해 주세요. 책을 함께 보며 아이는 자신이 알고 있는 사물을 가리키거나 관심을 공유하는 모습을 보입니다. 상호작용 시간도 더 오래 이어지고요. 친숙한 단어와 함께 새로운 단어를 더 쉽게 배울 수 있는 시간이 될 수 있어요.

③ 놀이로 이어지는 그림책을 선택해요

24개월 미만의 아이는 입으로 물어보거나 책을 찢으며 그림책을 탐색하는 모습을 보입니다. 이 시기에는 모서리가 둥글고 딱딱한 그림책을 읽어주세요. 아이가 그림책을 마음껏 만지고 펼치며 조작해 볼 수 있어요. 엄마도 책이 찢어지는 것에 대한 우려 없이 아이에게 책을 줄 수 있습니다.

책을 읽고 난 후에는 책을 활용한 놀이를 연계해 주세요. 책으로 터널 만들기, 다리 만들기, 집 만들기 놀이를 하며 책을 마치 장난감처럼 다루며 즐기는 거지요. 그림책을 읽는 시간과 놀이의 경계가 뚜렷하지 않을수록 아이 스스로 책을 꺼내는 모습을 보입니다.

그림책을 읽으며 재미있는 말놀이도 함께할 수 있습니다. 운율을 살려 책을 읽어주고, 그림을 보며 관련 노래를 불러주세요. 운율이 담긴 말과 노래로 접한 표현은 아이에게 더 오래 기억됩니다. 문장의 길이에 집중하기보다 아이가 이해하기 수월한 표현이 담긴 그림책을 선택해 보세요.

그림책 읽어주기

① 그림책의 표지를 먼저 살펴보세요

그림책 읽기는 표지에서부터 시작됩니다. 그림책 표지에는 말자극의 재료가 담겨 있어요. 책을 펼치면서 아이의 주의를 끌고(예: "우와, 여기 봐! 같이 볼까?"), 표지에 있는 그림을 함께 살펴보세요. 아이가 표지를 낯설어한다면, 그림책을 아이 곁에 놓아주면서 자연스럽게 노출할 수 있습니다.

아이의 성향에 따라 그림책을 읽는 방법이 다릅니다. 표지를 먼저 깊이 탐색하는 아이, 표지를 탐색하기보다 바로 내용을 보려고 하는 아이도 있지요. 아이의 관심이 이동하는 대로, 책 표지를 넘겨주세요. 아이의 손이 움직이는 대로 함께 반응하며 따라가 주세요(예: "궁금하구나! 우리 넘겨보자").

아이는 그림책을 볼 때마다, 매번 새로운 그림을 발견합니다. 표지에서 보이는 것, 표지의 색, 표지의 분위기와 감정을 나눠보세요. 한꺼번에 다양한 이야기를 나누지 않아도 괜찮습니다. 아이의 호기심을 자극하며, 아이가 직접 표지를 넘길 수 있도록 유도해 주세요. 아이는 보이지 않게 책에 대한 애정을 쌓아갑니다.

표지 탐색하기 예시

그림책《두드려 보아요》를 함께 읽으며

엄마: (제목을 읽어주며) "두드려 보아요!", "짜잔~ 여기 봐. 파~란 문이다."

아이: "똑똑! 똑똑~ 해~!"

엄마: "문을 똑똑~ 두드리고 있지? (책을 펼치며) 문 안에 누가 살고 있을까?"

② 아이가 가리키는 것을 말로 옮겨주세요

아이는 그림책을 읽으며 끊임없이 엄마와 소통하고 싶어 합니다. 아이에게는 그림책을 처음부터 끝까지 읽어야 한다는 목표가 없지요. 엄마가 책을 읽어줄 때, 아이는 알고 있는 그림을 보면 손가락으로 가리킵니다. 엄마의 반응을 기다리며 자신의 관심을 공유하고 싶다는 사인을 보냅니다.

아이가 이러한 모습을 보이면 엄마는 그 자리에서 책 한 권을 다 읽지 못할까 염려하는 마음도 들어요. 마치 학습서의 진도를 나가듯 더욱 속도를 내서 읽어야만 할 것 같은 생각이 들기도 합니다. 아이와 책 한 권을 다 읽었을 때의 뿌듯함을 느끼고 싶은 마음도 들고요.

그림책을 읽어줄 때 아이가 무엇을 보고 있는지 살펴보세요. 책의 내용에 익숙해질수록, 아이의 눈이 어디로 향하고 있는지 파악할 수 있는 여유를 갖게 됩니다. 아이가 보면서 손가락으로 가리킬 때, 아이가 가리킨 것의 이름을 말해주세요. 등장인물의 행동, 표정, 감정도 함께 들려주세요. 아이가 이해할 수 있는 만큼 들려주는 말의 양을 조절해 보세요.

아이는 엄마가 책을 읽어줄 때, 엄마의 말을 따라 하려는 모습도 보입니다. 아이가 따라 말하고 표현할 수 있도록 차분하게 기다려주세요. 엄마가 아이의 얼굴을 바라보며 기다리는 모습, 다정하게 반응해 주는 모습을 보며 대화 기술(에티켓)도 함께 배워갑니다. 한 권의 그림책을 한자리에서 다 읽지 않더라도 더욱 풍성한 시간으로 만들어갈 수 있습니다.

③ 아이에게 책의 내용을 다시 말해주세요

책을 읽어주고 난 후에는 아이가 책을 얼마나 이해했는지 확인하고 싶은 마음이 듭니다. 아이에게 그림책을 잘 읽어주고 있는지도 알고 싶지요. 그림책을 읽은 후, 질문보다는 책의 내용을 한 번 더 들려주세요. 질문에 대답하는 활동보다 대화를 통하여 아이가 책의 내용을 오랫동안 기억할 수 있습니다.

질문이 필요하다고 느껴질 때는 '5대 1 법칙'을 지켜주세요. 그림책에 대한 엄마의 짧은 설명이 다섯 문장이라면, 그중 질문은 한 번만 넣는 거지요. 다 읽은 책을 다시 한 번 표지부터 함께 넘겨보세요. 아이가 직접 책장을 넘기면 책에 더욱 집중할 수 있어요. 함께 보며 책에 누가 나왔는지, 장소는 어디였는지, 간단한 상황과 함께 등장인물의 감정을 들려주세요.

이렇게 말해보세요: 함께 책을 넘기며

1. 표지의 제목을 손가락으로 함께 가리키며 제목을 다시 읽어주세요.
2. 등장인물의 생김새나 옷차림, 표정을 함께 살펴보며 말해주세요.
3. 등장인물이 이동하는 장소가 어디인지 말해주세요(예: "□□에 가고 △△에 갔지.")
4. 등장인물의 감정을 다시 살펴보세요. (예: "○○해서 슬펐어/행복했어/화가 났어.")

그림책을 일상에 적용하기

그림책을 읽어주는 시간 외에도 일상의 대화를 통해 내용을 기억할 수 있어요. 날씨, 주변의 풍경, 일상생활에서 마주하는 사물은 그림책의 연결고리가 됩니다. '달'이 나오는 그림책을 읽은 후, 실제 밤하늘의 '달'을 보며 이야기로 연결하는 거지요.(예: 《달님 안녕》, 하야시 아키코 저, 한림출판사).

그림책을 일상에 짧게 적용해 보세요. 함께 읽었던 내용을 처음부터 끝까지 이야기하지 않아도 괜찮습니다. "우리 책에서 봤던 달님이네!" 이렇게 대화를 시작해 보세요. 아이가 먼저 책의 내용을 기억하고 대화를 시작하는 모습을 보인다면, 아이가 가리키는 것에 집중하며 반응해 주세요(예: “맞아, 우리 책에서 봤지? 달님을 구름 아저씨가 가렸잖아”).

아이와 함께 책을 읽고 난 후, ‘책 놀이’에 대한 부담감을 갖는 경우도 있습니다. 독후 활동을 통해 책을 더 오래 기억하기를 바라는 마음에서 시작되지요. ‘책 놀이’는 말 그대로 ‘놀이’가 우선되어야 합니다. 책을 읽고 난 후 함께 짧게 대화를 나누는 시간, 아이가 책을 기억하며 상호작용을 시도하는 시간, 한번 더 읽어 달라고 책을 가지고 오는 시간이 모이면 그 자체로 책 놀이 이상의 즐거운 놀이 시간이 만들어집니다.

그림책을 반드시 엄마가 읽어줘야 한다는 스트레스도 내려놓으셔도 됩니다. 아이가 친숙하게 접할 수 있다면 그것만으로도 충분한 그림책 놀이입니다.

그림책 읽어주기, 이것이 궁금해요!

1. 아이가 같은 그림책만 반복해서 읽어도 되는지 궁금해요. 들려줄 말이 한정적이지 않을까요?

엄마에게는 내 아이에게 다양한 책을 접하게 해주고 싶은 마음이 있습니다. 애써 책을 읽어줄 시간을 마련했다면, 새로운 단어와 문장을 들려주고 싶지요. 읽어주는 엄마도 신선함을 느낄 수 있고요.

그럼에도 아이가 이미 읽은 그림책을 보기 원한다면, 아이의 요구에 따라주세요. 아이는 왜 같은 책을 보기 원할까요? 책에 담긴 특정한 표현이나 엄마의 목소리를 듣는 시간을 즐기기 때문입니다. 책을 읽어줄 때 아이에게 집중된 엄마의 시선과 애정이 담긴 스킨십을 원할 때도 있지요.

같은 책 안에서도 새로운 표현을 찾아보세요. 아이가 손가락으로 가리키는 그림부터 배경까지 다양한 말을 들려줄 수 있어요. 역할을 바꾸어 아이가 직접 책을 가리키며 엄마에게 설명해 보는 시간도 가질 수 있습니다. 아이에게 새로운 책을 보여주고자 하다면, 익숙한 책 주변에 한두 권 정도의 새로운 그림책을 놓아주세요. 아이가 새 그림책에 친숙해질 수 있는 시간을 마련할 수 있어요.

아이가 성장하면서 관심사도 함께 변합니다. 책이 찢어지도록 한 권의 책에 몰입하는 모습에서 다양한 책을 꺼내 보는 아이로 성장해요. 언젠가는 손때가 가득 묻은 아이의 그림책을 들고 엄마를 부르던 아이의 모습이 사뭇 그리워질 거예요.

2. 책을 한동안 읽어주지 않았어요. 어떻게 다시 시작해야 할까요?

아이에게 책을 꾸준히 읽어주다가 여러 상황으로 인해 잠시 중단될 때가 있습니다. 아이나 가족 중 누군가가 예상치 못하게 아프거나, 여행을 다녀오면서 패턴이 바뀌는 경우도 있지요. 컨디션 회복 이후, 다시 그림책을 꺼내 읽는 일이 어색하게도 느껴집니다.

그림책을 읽어주지 못한 기간이 있더라도, 충분히 다시 시작할 수 있습니다. 말자극을 줄 때와 동일한 마인드로 '바로 오늘부터' 시작하는 거예요. 아이도 엄마가 책을 읽어줄 때 금세 다시 적응하는 모습을 보일 거예요. 아이가 한 뼘 더 성장한 모습도 볼 수 있고요.

때로는 책 읽어주기를 의도적으로 잠시 멈추기도 합니다. 잠시 쉼을 갖는 거지요. 엄마와 아이에게 그림책이 즐겁지 않고 피로도만 높아진 상황이라면 오히려 책 읽기를 잠시 멈춰보세요. 쉬어가는 기간에 아이가 무엇을 좋아하는지 한 번 더 살펴보면서, 아이가 좋아하는 놀이에 함께 몰입해 보세요. 엄마와 아이 모두에게 전환점이 될 수 있어요.

3. 책을 읽어주려고 하면 아이가 장난감을 가지고 와요. 저희 아이에게도 책을 읽어줄 수 있을까요?

아이가 가지고 온 장난감으로 충분히 놀이한 후, 다시 책 읽기를 제안해 보세요. 아이마다 책에 집중하는 시간과 책을 보는 자세가 다릅니다. 그림책을 처음부터 몰입해서 보는 아이, 장난감 주변에 책을 펼쳐둔 채 놀이하는 아이, 여러 권의 그림책을 쌓아두고 한 권씩 읽어주기를 원하는 아이도 있지요.

아이의 장난감 주변에 그림책 몇 권을 함께 놓아주세요. 책 읽는 시간을 따로 마련하기보다 장난감 주변에 놓인 책으로 자연스럽게 시선이 향할 수 있도록 유도해 보세요. 아이가 장난감을 가지고 놀다가 책을 펼치면, 그림을 함께 살펴보며 엄마의 말을 들려주세요. 아이의 주의를 이끌 수 있습니다 (예: 자동차가 나오는 장면을 펼쳤을 때 → "자동차네! 빵빵~ 어디에 가고 있을까?").

아이가 책에 관심을 보이기 시작하면, 한 장면부터 조금씩 집중할 수 있는 시간을 늘려가 보세요. 영유아기는 책에 대한 즐거운 기억을 만들 수 있는 소중한 시간입니다. 아이가 책에 갖는 관심과 보는 속도에 맞추어 함께 걸어가 주세요.

이 시기에 마주하는 그림책은 미션 수행을 위한 도구가 아니에요. 그림책은 아이와의 상호작용을 더욱 단단하고 오래 이어갈 수 있도록 돕는 연결고리이자 말자극의 재료가 담긴 상자입니다.

24개월 전후 아이를 위한 추천 그림책

	그림책 제목	서지정보	추천 이유 & 활용 방법
1	《치카치카 하나 둘》	최정선 저/ 윤봉선 그림, 보림	□ '치카치카' 양치할 때 표현할 수 있는 다양한 의성어·의태어를 들려줘요.

2	《뽀글 목욕놀이》	기무라 유이치 글그림, 웅진주니어	□ '올렸다, 내렸다'를 반복하는 팝업북으로, 아이의 주의 집중을 유도하며 의성어·의태어를 표현해요.
3	《부릉부릉 누구 생일》	김정희 저/이희은 그림, 사계절	□ 아이들이 좋아하는 케이크, 초, 자동차가 등장해요. 자연스럽게 생일파티 놀이로 이어갈 수 있어요.
4	《엄마, 맘마》	이정은 글그림, 베틀북	□ /맘마/는 아이가 내기 쉬운 소리에 속해요. '콕콕, 쑥쑥, 아삭아삭' 소리와 함께 '○○+주세요' 표현을 유도해요.
5	《냉장고》	아라이 히로유키 글그림, 한림출판사	□ 아이에게 친숙한 우리 집 냉장고의 모습이 그대로 담겨있어요. 냉장고 안에 있는 음식의 이름과 동작어(예: 우유+꺼내)를 표현해요.
6	《간질간질》	헬린 옥스버리 글그림, 시공주니어	□ 아이의 시선에서 자신과 비슷한 모습을 하고 있는 등장 인물에게 친근감을 가질 수 있어요. 다양한 의성어·의태어가 재미를 더해줍니다.
7	《안아 줘》	제즈 앨버로우 글그림, 웅진주니어	□ 자연스럽게 아이를 안아주며 스킨십을 유도해요. 애착 형성에도 도움을 주는 책이에요.
8	《싹싹싹》	하야시 아키코 글그림, 한림출판사	□ 각 신체 부위의 이름을 쉽게 이해해요. 책을 읽으며 /싹싹싹/ 소리를 내며 닦는 흉내를 낼 수 있어요(예: '손+닦자, 싹싹싹').
9	《나도 나도》	최숙희 글그림, 웅진주니어	□ 등장인물의 다양한 행동을 따라해요. 자연스럽게 관련 동작어(예: 노래하다, 달리다, 먹다)와 재미있는 의성어•의태어를 접해요.

10	《빨간색 자동차, 초록색 자동차》	로저 프리디 글그림, 키즈엠	□ 다양한 색이름과 함께 친숙한 사물의 이름을 이해할 수 있어요. 책 속의 화살표를 아래로 살짝 당기면 색이 변한답니다.
11	《빠이빠이 기저귀》	레슬리 패트리셀리 글그림, 보물창고	□ 등장인물의 행동을 함께 보며, 아이도 자연스럽게 변기에 친숙해질 수 있어요. 책을 읽으며 '빠이빠이 기저귀' 직접 표현해 보세요.
12	《출동! 아빠 자동차》	신혜영 저, 이명하 그림, 천개의바람	□ "출동~!" 소리로 주의 집중을 유도하고, 각 교통기관의 소리와 함께 역할을 배워요. 책을 보고 난 후, 자동차 놀이(또는 도로놀이)로 이어갈 수 있어요.

에필로그 오늘도 자책하며 밤을 지샐 조용한 엄마들에게

'내가 조용해서 아이 언어발달이 느린 걸까' 고민하는 엄마를 돕고 싶다.'

'아이에게 언어 자극을 주고 싶지만, 막막함을 느끼는 양육자의 길잡이가 되어주고 싶다.'

'아이의 언어발달을 돕기 위해서 많은 교구가 필요하지 않다는 이야기를 전하고 싶다.'

책을 쓰는 내내 이 세 가지 메시지가 머릿속에 자리하고 있었습니다. 정확한 메시지를 담고 싶은 마음에 오래된 전공 서적부터 최신 자료를 찾아보았습니다. 그리고 수없이 글을 수정하고 다듬는 과정을 거쳤지요. 노트북 앞에 앉아 있는 시간이 힘에 부칠 때마다 이 책을 읽으며 힘을 얻는 독자의 모습을 상상하면, 신기하게도 다시 힘을 나는 경험을 했어요.

그리고 책을 쓰는 시간 동안 저의 육아 역시 타임머신을 탄 것만 같았습니다. 신생아 때부터 유아기까지의 시간이 생각해 보면 너무나 빨리 지나가버렸습니다. 50일, 100일, 돌, 24개월의 시간은 정말 더디게 간 것만 같은데 말이지요. 아이가 아장아장 걷고 엄마만 찾던 그 시기의 사진을 보니 미안하고 먹먹한 마음이 들기도 했습니다.

책에는 저의 이야기를 많이 담지 않았지만, 저에게도 육아는 마치 빨리 끝내야 하는 학기 중 수업과도 같았습니다. 너무 피곤해서 아이의 의사소통 의도에 민감하게 반응해 주지 못한 날도 있었고, 육아보다 일을 먼저 해결해야 할 것 같은 분주함을 느끼기도 했지요.

그런 날 밤은 자책하는 마음에 잠을 설치곤 했습니다.

특히 미안했던 순간은 퇴근 이후 부쩍 말수가 줄어든 나 자신을 마주할 때였습니다. 혼자만의 시간을 가지면서 에너지를 충전해야 하는데 육아 중 그런 시간을 가질 수가 없었기에 더 쉽게 방전이 되었지요. 육아 이전에는 전혀 걸림돌이 되지 않았던 부분을 문제라고 생각하니, 좌절감이 더 크게 느껴졌습니다.

그럼에도 아이가 엄마를 기다리고 바라보던 그 눈빛은 선명하게 기억에 남아 있습니다. 아이는 엄마가 언제 말을 들려주든 두 팔 벌려 환영하고, 엄마를 어색하게 느끼지 않더라고요. 그저 엄마가 들려주는 말, 노래, 그리고 자신을 바라보는 따스한 눈빛만으로 세상을 다 얻은 듯한 행복한 모습을 보였습니다.

'언어발달을 전공한 엄마가 아니라면 아이에게 말을 걸 때 어떤 부분이 막막할까?' 생각했을 때, 상담 현장에서 마주했던 수많은 부모님의 이야기가 떠올랐습니다. 생각보다 많은 부모님이 '장난감' 또는 '교구'에 의존했고, 경제적인 부담을 갖는 경우도 많았어요. 내 아이뿐 아니라 현장에서 지난 13년 동안 수많은 아이의 발달 과정을 살펴보았을 때 교구보다 엄마의 말의 힘은 더 강했습니다.

이중적이라고 여겨질 수 있지만, 조용한 엄마에게도 잠재력이 있다는 메시지를 전하면서 부담감은 주고 싶지 않았습니다. 그렇지 않더라도 바쁜 일상 중에 책을 읽으면서 해야 할 일의 목록이 늘어난다면 오히려 더 혼란에 빠질 수 있을 것 같다는 생각도 들었고요. 이 책을 아이에게 말을 걸 때 가이드로 활용하되, 과제가 되지 않기를 바라는 마음을 조심스레 전합니다.

언젠가 육아가 힘겹게 느껴지던 날, '내 아이는 살아있는 언어발달 교과서다'라는 말을 접했습니다. 한 아이를 양육하는 과정이 모든 아이의 언어발달 과정이라 할 수 없지만, 아이를 양육하면서 양육자의 마음을 깊이 느끼고 성숙 될 수 있었습니다.

책이 세상에 나올 수 있도록 도움을 주신 멀리깊이 박지혜 대표님께 감사의 마음을 전합니다. 현장에서 부족한 저를 신뢰해주시고 고민을 나누어 주셨던 부모님과 부족한 선생님을 따라주고 거울이 되어주었던 아이들에게도 감사의 마음을 전합니다.

보이지 않는 곳곳에서 아이들을 위해 애쓰시는 언어치료사 선생님들께도 감사의 마음을 전하고 싶습니다.

어쩌면 '조용한 엄마'의 정의는 개인마다 다를 거예요. 조용한 엄마, 이제 자신감을 가져 보세요. 조용한 엄마에게는 내 아이에게 말을 걸 수 있는 잠재능력이 있습니다. 오늘도 내 아이를 위해 애쓰고 고민하는 모든 엄마에게 응원의 마음을 전합니다.

2024년 1월, 조용한 엄마 언어치료사 이미래

참고문헌

《말소리장애》, 김수진, 시그마프레스

《베싸육아》, 박정은, 래디시

《베이비토크》, 샐리 워드, 마고북스

《부모의 말, 아이의 뇌》, 데이나 서스킨드, 부키

《언어의 아이들》, 조지은·송지은, 사이언스북스

《인스타 브레인》, 안데르스 한센, 동양북스

《임상중심 말소리장애》, 김민정, 학지사

《EBS 문해력 유치원》, 최나야, EBS 한국교육방송공사

김수진, 이수향, 홍경훈. (2017). 말늦은 아동의 말소리 발달 종단 연구. 말소리와 음성과학, 9(4), 115-122.

이윤경(Yoon Kyoung Lee);이효주(Hyo Joo Lee). (2015). 언어발달지체 영아의 의사소통적 제스처 특성과 언어발달과의 관계. Communication Sciences & Disorders, 20(2), 255-265.

조수정, 황민아, 최경순. (2014). 말 늦은 아동의 문장 이해 전략. 말소리와 음성과학, 6(3), 13-21.

하승희, 설아영, 배소영. (2014). 일반 영유아의 초기 발성 발달 연구. 말소리와 음성과학, 6(4), 161-169.

홍경훈(2007). 말늦은아동의 표현어휘 발달 예측을 통한 의사소통의도 산출 특성 종단연구. 유의특수교육연구, 7(1), 97-115.